『愛知県産 岩石並鉱物採集必携』の復刻にあたり

名古屋鉱物同好会会長　猪飼一夫

　この程、蒼岳舎（風媒社発売）より昭和 16 年発行の『愛知県産 岩石並鉱物採集必携』（柿原喜多朗著 つはもの社刊）が復刻されることになりました。

　戦前の本ということもあり、文章の表現や漢字などに今は使われていないものも多く、また、掲載された地図は現在のものと異なり、存在しない建物なども多くあります。しかし地図を頼りに産地へ行くことは可能でしょう。愛知県という限られた地域ではありますが、我々鉱物愛好家にとっては、かつての鉱山跡を知る貴重な本になります。

　現在、世界では 5900 種近くの鉱物が認められ、日本産鉱物は 2022 年度末で 1380 種を超えます。日本列島には多くの火山が存在するとともに、複雑な地質の上に成り立っています。小さな国土の割に多くの鉱物、岩石を見ることができる大きな理由です。今後、分析技術の発展によりますます多くの新しい鉱物、岩石が見つけられることになるでしょう。

　一方、鉱物、岩石の採集において、現在ではインターネットを活用することが多いようですが、すべての採集地を網羅しているわけではありません。皆さんがよくご存じの限られた有名産地しか検索できません。また多くの出版社より鉱物に関する本が出版され、全国各地でミネラルショーが開催されていますが、これらにも偏った情報が多くあります。

　このようなことから、この復刻が意味を成すものになってきます。この本に書いてある、今では幻となった産地を訪ねたりすることにより新しい知見を得ることができるでしょう。また採集した標本を再度見直すことにより新しい鉱物、新しい考えが導かれることもあるでしょう。先人が調査、研究した古い産地を見直すことは新しい発見の糸口になるかもしれません。

　『愛知県産 岩石並鉱物採集必携』を座右の書として、この本が皆様の知識の泉となることを期待しています。

2023 年 6 月 1 日

愛知縣産

岩石並鑛物採集必携

林原喜多朗著

藏版
つはもの社

1. 輝安鑛の見事な結晶

北設樂郡下津具村大桑津具金山株式會社採掘場産

（藤城豊氏所藏）

2. 素晴らしい植物（木の葉）化石集

北設樂郡柴石峠その他產（藤城豐氏所藏）

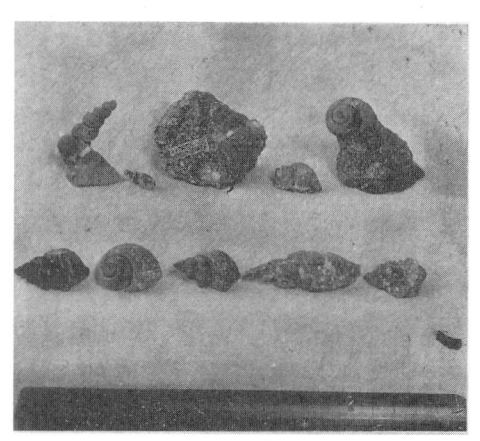

3. 珍らしい動物（貝類）化石集

北設樂郡下津具村大桑津具金山株式會社
採掘場すのこ產　（藤城豐氏所藏）

はしがき

◆ 本書は故父明十につき生前筆者が逐一指導を仰ぎて成れるものにして言ひ換ふれば父の遺稿集とでも言った方が適當かも知れぬ程父の力が加味されて居る。父の遺稿を其の儘轉載した箇所もあり何れにしても父の力に俟つところ大なるものがある。

◆ 本書は毎年一回生徒を引率して鑛物旅行を實施する際，其の採集物を豫め生徒に示さむがため，自ら現地に趣き標本を採集し來り，標本と同時に之れが解説をも併せ發表し筆記せしめ置き，後日旅行又は授業の際の參考となさしめたるものを精選，系統的に配列の上一綴となしたるものである。

◆ 筆者もとより岩石鑛物につき深き研究を積み居るものにあらず，又知識を有するものでも無く，斯る書を讀者に呈するは省みて些か汗顏の至りなれ共，幸にして，故父明十の指導を受け此の方面につき興味を感じ趣味を覺え，採集旅行に至りては道樂の域に迄達せりと思ふ程にて尚此の仕事は筆者生涯をかけてやり通す可きものであると自覺するものである。斯る程度よりすれば發表には時期尚早の感あれとも不完全乍ら今日迄踏査せしものだけでも取りまとめ讀者に呈して一人でも多くの同學の士を得たく，尚一面國家非常時局鑛産資源探求の要切なるとき何か貢獻する所もあらんかとの考への下に草せしものが本書である。

◆ 筆者の経験と考察とよりするに，理科方面の研究勉学は実物を手にして観察をし実験し，之れらより得たる事柄を基礎として，推理，判断，綜合，統一等心的活動にまで及ぼし以て科學する心と

態度とを養成し、それと共に実物につき豊富なる知識を得られる底の勉学振りである様にと念願するものであり、斯くすべきものとの信念をもつものである。本書は実物を手にして調べて見ようとの際の参考にもとの考への下に草せしもので、唯読んでみただけでは價値なく、実地につきやつて見様とする人にのみ忠実なる案内者であり得ると信ずるものである。

◆凡そ事を成就せしめんには<u>必ず急ぐ可きものにあらず</u>、じつくりと落付いて牛の歩みのよし遅くとも確実なる一歩一歩の前進であり向上であることが望ましいことである。斯様な努力を拂つてこそ必ず光明の彼岸にも到達し得べきものとの信念に生きることである。<u>粘り強さがなくてはならぬ</u>。うまずたゆまずと云ふ言葉は即ち粘りを表示するの言葉ではあるまいか。

是非此の二点につきては考へて頂き度いところである。一旦の勇にかられて猪突猛進的努力を拂はれることは結構なれどもこれが為めに無理を伴ひ障害を来し遠大の希望も為めに中途挫折するの愚を招くに至ることあるはおしみても余りあるのみならず、今日人的資源の涵養を叫ばれて居るに鑑みるも尚然りである。

無理なく無駄なく油断なくとの言葉は吾等の常に実行すべき至言である。而して斯る注意と態度とを以て弛まざるの努力を積まれるにおいては何事につきても目的完遂出来るものであり、貫徹せざればやまずの情熱と真剣味とをもちて聖なる日々の努力をつづけられるやう、特に青少年学徒諸君に切望するものである。

◆終りに臨みて、著作に際し長年に亘りて指導を得し故父明十並現

愛知縣猿投農学校長鈴木洋一先生の御教示に預りしことを附記し心からなる感謝と敬意とを表するものである。尚又出版に就きては萬般に亘りて「つはもの社」主手島氏，「ヨサ美印刷所」主石川氏並に先輩各位の御盡力の程を深謝するものである。

昭和十六年六月十九日

栫原喜多朗 記

凡　例

● 本書所載の岩石記載の順は先づ成層岩、次に塊状岩を配し、其の各々につきては古い時代のものより新しきに及ぼして記述したことであり、系統的の配列をしたつもりである。従って一覧表の如きものは別に載せざれども目次が夫れにかはるべきものであると承知願ひたい。

● 名票中酸性岩、基性岩、又は中性岩とあれども、これは便覧中に説明記載しておいたから見て頂きたい。

● 記載せし地質鉱物に関する術語は、古今書院発売の地学辞典等参照されると明記してある。

● 採集地略図に就きて

1. 距離、方位は必ずしも正確ではないが、道路の交叉彎曲等の具合は努めて忠実に写してある。が、実際に採集せられるときは参謀本部発行の五万分ノ一地形図を携行の上で参照正確を期せられたきこと。

2. 鉱物や岩石の番号を参謀本部発行の地形図上に産地に應じて記入しおかれると採集の際便利であり、又本書所載の物の総てが一目にして知り得られること〻思はれる

3. 採集地に就きては尚拡大図を挿入して採集の便を図るべきの処、1-2の外全部挿入してないが、採集地に行かれた際は肉眼的鑑別の項を熟読、研究願ひ、採集せられたい。それでも不詳の時は筆者に問合せ願ひたい。

4.

岩石並鑛物 採集便覽

目次

① 採集旅行の用意 ……………… 2
② 採集旅行の用具 ……………… 2
③ 用具の使用法 ………………… 3
④ 採集上の注意 ………………… 5
⑤ 標本の整理 …………………… 7
⑥ 採集につきての心構 ………… 7
⑦ 岩石の分類 …………………… 7
⑧ 岩石の鑑定 …………………… 8
⑨ 岩石の顕微鏡による鑑定 …… 10
⑩ 日本の地質系統表 …………… 12
⑪ 地質図 ………………………… 14
　　参考引用書籍 ………………… 13
　採集要覧 ……………… 15-205

① 採 集 旅 行 の 用 意

如何に努力致しましても、其の方法に於て誤りがあります時には事の成らざるを思ひまして、之れより岩石並鉱物採集旅行上必要事項を研究して用意の完璧を期してみたいと思ひます．

② 採 集 旅 行 の 用 具

岩石鑛物採集旅行に於きまして、最も必要にして欠くことの出來ぬ用具の用意を述べてみますと次の通りであります．が、採集旅行におきまして採集物の量が非常に重いものでありますから、此の点御一考を願ひ適宜代品でもよろしく軽装を願へばと存じます．

1. <u>採集用鉄鎚</u>　2封度で 3円50　1封度で 2円20　½封度で 1円70
   以上は名古屋市東區鶴重町一丁目五番地鈴木合名会社での定價でありますが、要は採集に不可欠の物で粘くて且つ硬いものであれば最寄の鍛冶屋で作製して戴くも差支はありません．

2. <u>採集用袋</u>　革製 8円50　ズック製 7円50　同じく鈴木合名会社の定價でありますが、最も簡にして安價且つ便利なるものはメリケン袋であります．（一袋定價約十二銭）之れを二袋準備して前後にふり分け式に擔ふ時は便利であります．おすゝめします．其他にはリュークサック　不便なれども風呂敷，提かばん等があります．採集物がすれ合ひて袋類は破れ易い故比較的堅固なもの堅固にしたものであることが望ましいと思ひます．

3. <u>日記帳</u>　十字線の入れてあるもの

4. <u>ルーペ</u>　両側に覆ひのある三枚重レンズのものが良いと思ひます．定價約 1円00　眼鏡屋で販売

5. <u>色鉛筆</u>　地図塗込用とします．六色位で結構だと思ひます．

6. <u>萬年筆か鉛筆</u>　採集物の名称，産地等の記入用とする．天気の時はインクにて差支ありませんが、少々降雨等の際は鉛筆がよろしいと思ひます．

7. <u>古い新聞紙</u>　採集物の包装用

8. <u>傾斜儀</u>　岩石の走向，傾斜測定用　定價 5円00　鈴木合名会社，島津製作所等で販売して居ります．
   （クリノメータ）

9. <u>地　図</u>　参謀本部の五萬分ノ一の地図又は地質図（「我等の鉱物誌」誌上に販売品目が掲載されて居ります故参照のこと）

10. 其　他　　封筒（古），綿，紐等

以上を携帯すれば大体は間に合ふことゝ思ひますが，其他の必要携行品は採集旅行を重ねるにつれて次第に判明すると思ひます。以上の内で，鉄鎚と傾斜儀のみは代品がありません。他は相應のもので代用することが出來ると思ひます。熟考をお願ひします。

③ 用具の使用法

1. 鉄　鎚　　鉄鎚は特に採集用として製造せられたる物に限ると思ひます。其の故は普通のものは硬度低くて，硬度低き岩石でも採集し難いからであります。其の試し方は鍛冶屋で一度問ひ合せ願ふことであります。軟い鉄ですと5-6回の採集で既に磨滅して使用に堪へぬ様になりますので直ぐにわかります。注意すべきは鉄の硬度であります。

形は必ず一方は尖りて他方は角形であります。

岩石を採集しますには，次図に示す様な要領で鉄鎚のア辺で岩石のア辺を打砕く様にします。若し岩石のイ辺を砕かんとならば岩石のウ辺を前方に出して鉄鎚のイ辺にて打つか，又は岩石のイをアの位置に置きかへることであります。尚又経験によりますと大きな物を漸次砕きて長方形の所要の標本としますには，何時も岩石片の傾斜緩き方向から急な方向へむけて打つことであります。斯く打つ時は容易に而も確実に砕きとることが出來るものであります。

鉄鎚の尖りたる方は化石又は鉱物を堀出す時に使用すべきもので決して鉱物岩石等を採集せぬものであります。

2. 日記帳　　十字線入りの帳を使用しますのは，場合によりますと野稿図を描くの必要な事もあり，又山岳の形状，岩石の露出の断面図等を記する場合に最も好都合であるからであります。

3. ルーペ　　鉱物・岩石を採集した時に細微なる鉱物の鑑識及び岩石の組織を知る上に於て必要であるからであります。使用の方法は，直接局部へレ

ンズを持って來,手にて明視距離を調節して覗き見る程度であります。別に
むづかしいことはないと思ひます。
4. 傾斜儀及び其の使用法
　　◆ 構　造
　　　　a. 磁　針　　黒き部分がNを, 銀白色の部分がSを指すのであります。
　　　　　上段の度盛盤の指度で地層面に引いた水平線の方向即地層の走向を決定
　　　　　出來ます。
　　　　b. 度盛盤　　上段, 方位を読みます。　下段, 傾斜角度を読みます。
　　　　c. 錘　子　　中央凸先端部の指示する度盛, 之れが傾斜角度であ
　　　　　り, 下段度盛盤を使用します。
　　　　d. 水準器　　水平線を決定します。
　　◆ 測定使用の方法
　　　　a. 地層の走向測定
　　　　　△傾斜儀の長辺（両側何れにても可）を地層
　　　　　　面に接触
　　　　　△之れを適当に動かして水準器により傾斜
　　　　　　儀の上面を水平ならしめたならば,
　　　　　△此の時の傾斜儀の長辺の方向を磁針で読み
　　　　　　ます。
　　　　　△磁針の読み方　Sは動かぬものと假定する.
　　　　　　されば, Nの先端がNとEとの間にありて
　　　　　　三十度を示すとしますと, 北三十度東と読
　　　　　　みて; N30°Eと記します。此の意味は,
　　　　　　此の先端が眞北より三十度東の方向に偏し
　　　　　　たるを示すものであります。
　　　　　△此の方向が岩石の走向であります。
　　　　　△此の時地層面は少しでも西又は東（時には
　　　　　　北又は南）の何れかに傾いてゐるかを注意
　　　　　　しておくことであります。
　　　　　　今西に傾くと假定します。

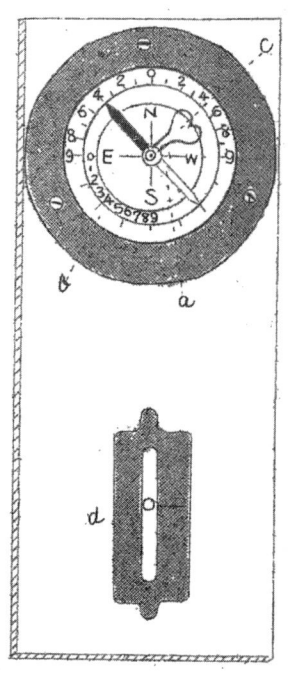

b. 地層の傾斜の測定
  △ 前述の地層の走向を測定しました時，それが測定を終りましたならば
  △ 傾斜儀を持ち直して
  △ 先きに水平に密着せしめました傾斜儀の長辺に対して水準には無関係に傾斜儀の長辺を其の線（走向）に直角におきます。
  △ 置いたまゝ錘子の指度を見ます。錘子は垂直に下りて必ず或る角度を示します。
  △ それが岩石の傾斜角度であります。今傾斜角度を五十度と假定します．

c. 野帳記載
  南設楽郡鳳來寺村門谷 ⎫ N30°E　50W
  　頁　　　　　岩　　 ⎭（走向）（傾斜）

d. 地層の走向，傾斜を地図上に表現さす方法

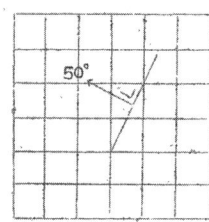

以上の測定結果にもとづきて此の成層岩を図上に現はしますと左図の通りになります。即ち北が三十度東に偏し傾斜は之れに対して直角の方向に西に矢を以て示し，矢の先へ角度を記入します。

5. 色鉛筆　野稿図を製する時錯雑を避けるために必要であります。
6. 新聞紙　包み方は二折にした隅にインク又は鉛筆にて名称，産地，採集年月日等を記したらば，三角形に小さく折りたゝみて岩石による磨擦をさける様にします。折りたゝみたる所へ岩石をのせ，順次に包みて丁度風呂敷で物を包むが如くに包み，最後に外側を紐で軽く結束しおく時は，完全に採集物を運搬することが出來ると思ひます。

④ 採集上の注意

1. 岩石を採集せんとする時は岩石の大塊の露出せる場所（新道を開きて岩石を切り取りたる所等は好都合）にて，其の内部の新鮮なる所をのみなるべく長方形（2寸と3寸位又は3寸と4寸位）にて適当なる大きさに標本を作ることであります。
空気に露出して風化したる部分は決して採集すべきではありません．之れは要

するに其の岩石の肉眼的又は顕微鏡的鑑定をなす場合に，風化せるものは，其の組織，成分の上に既に変化してをるからであります。

然れども岩石の土壌に遷移する状況或は風化状況を知らむとすれば一つの標本内で，新鮮な部分と風化せる部分とを見得られる物を採集することが必要であります。

2. 転石を採集すべからず

　転石は多くは産地不明であります。又其の外部は多少必ず風化して居るからであります。が，転石と雖も珍貴なもの又は上流地方の地質状況を知らむとする場合には採集することの必要がある訳であります

3. 標本は成る可く二寸と三寸又は三寸と四寸位の長方形に採集して，小形，三角形又は円形等に採集してはなりません．

　小片ですと其の岩石の組織と鉱物成分とを知る上に欠くる場合があるからであります。形を揃へるのは標本として陳列した時の美観を欲するからであります

4. 同一場所に於て同種の岩石と雖も其の組織を異にしたる場合には盡く其の部分を採集する必要があると思ひます．又接触変質岩及び噴出岩で冷却の程度を異にする場合ですと，其の変遷の順序に従つて採集することであります。例へば，鳳來寺山の岩石に見る場合の如くであります。

5. 採集しました岩石は其の場で，新聞紙に前述所定事項記入，包み込むことであります。他日整理の時の参考にします．運搬に便します。個々の岩石を各新聞紙で包み，決してハンカチ其の他に雑然と共包みしてはなりません．標本の磨擦を防ぐ必要があるからであります．

6. 日記帳へは露出の状況，採集の難易迄も記入して置き之れによつて他日の聯想に便し，採集地想起の資に供することであります。

7. 鉱物及び化石の取扱ひ方は岩石の夫れよりも更に鄭重にしなくてはなりません．即ち之等は地学研究の基礎を為すものだからであります．依つて新聞紙，綿等で包装，外部結束等岩石の如くにし，運搬に際しましては，磨擦又は他岩の圧砕を避ける様注意して安全に持ち帰ることが必要であります。

8. 斯くして標本多数集まりました時は適宜の楯又は袋（メリケン袋又はナンキン袋）に，必要あらばワラ又は鋸屑等を詰めて各標本の互に磨擦せぬ様にし標本室等に発送するのであります。

⑤ 標本の整理

採集せる標本は直ちに整理すべきであります。色々の故障を生ずるからであります。

整理の方法と致しましては、採集地に於て記入せる事項を小さき紙に新しく記入し、標本とラベルとを一定の箱に收めて保存するを可としますが、ラベルが紛失して後日再整理を要する場合が少くありません。依ってその不便を除く目的で、細長い白紙（余り厚くない長さ8cm、巾1cm位）を準備して之れに名称と産地とを記入した上で直接に岩石に糊其他で確実に糊着し個々箱に、又はまとめて一つの大きな戸棚或は箱に保存しますと便利であります。個々の標本入箱はブリキで作ると安價で且堅固で便利であります。

又朱筆等を用ひて岩石へ直接に名称其他を記入する方法もあります。

⑥ 採集につきての心構へ

岩石又は鉱物何れにしましても、之れを採集し研究を完成せんとする時には充分なる注意力と、熱誠以て之れに努めることが最も重要な條件と信じます。依って岩石其他の露出につきては勿論、石垣又は轉石と雖も充分なる注意を拂ひて完成に力を致される様切望するものであります。

⑦ 岩石の分類

a. 岩石を成因に依りて分類しますと
  1. 火成岩（塊状岩）┬ 深造岩 ──────── 花崗岩　斑糲岩　橄欖岩
                    └ 噴出岩 ┬ 旧噴出岩 ── 閃緑岩 輝緑岩 石英斑岩 玢岩
                              └ 新噴出岩 ── 流紋岩　玄武岩　富士岩
  2. 変成岩（成層岩）┬ 変成岩 ──── 片麻岩類　雲母片岩　結晶片岩
                    └ 半変成岩 ── 秩父古成層の下部を構成する岩石（輝岩）
  3. 水成岩（成層岩）── 水成岩 ── 秩父古成層の中部以下第四紀層に至る
                                  各層を構成する各岩石（砂岩 頁岩）

b. 化学成分の上から岩石を三大別して見ますと
  1. 酸性岩（硅酸含有量62%以上）──── 花崗岩、石英斑岩　流紋岩
                                    片麻岩

2．基性岩（硅酸含有量50％以下）――斑糲岩　輝緑岩　玄武岩　富士岩
　　　　　　　　　　　　　　　　玢岩
3．中性岩（硅酸含有量52―62％）――閃緑岩　結晶片岩系の各岩石の大部
　　　　　　　　　　　　　　　　分

⑧ 岩石の鑑定

　岩石の鑑定を為すに当りまして，先づ化学成分の上から見ました岩石の三大別から述べて見ます。

1．酸性岩――花崗岩　石英斑岩　流紋岩　片麻岩類等
2．基性岩――斑糲岩　輝緑岩　玄武岩　富士岩，玢岩等
3．中性岩――閃緑岩，結晶片岩類の大部分等

<u>茲に述べます岩石の鑑定の方法は</u>　上記の化学的に分類せる岩石の三大別に準拠して行って見様と思ひます。

　即ち岩石を鑑定します際には，先づこの岩石が酸性岩であるか基性岩であるかを判明別する必要があります。此の酸性岩であるか基性岩であるかを知っておきますと便利且容易でありますから今二者の特徴を記して見ます。

◆<u>基性岩の特徴</u>
　(イ)．色が濃厚であること
　(ロ)．比重が大である．即ち持って見て重いことである．
　(ハ)．粘力が強い．且硬く感ずる即ち鉄鎚を加へた時に割れ難く且つ鉄鎚が減り易い．
　(ニ)．硅酸の含量が52％以下である．見て石英が少い．
　(ホ)．基性岩に属する岩石は大要上掲の如きものであること．

◆<u>酸性岩の特徴</u>
　(イ)．色は一般に淡くある　　(ロ)．比重は小である．　　(ハ)．硬堅で且つ脆い
　(ニ)．硅酸の含有量は62％以上即ち石英が多い．
　(ホ)．酸性岩の例としては上掲の如くである．

◆<u>中性岩</u>
　上記二者の中間に属する物で硅酸の含有量等其他すべて中間に位すると見て差支ありません。然れども中にはSiO_2の特に多いもの（部分）もありま

す故注意を要します。例へば結晶片岩類の特に石英多き部分の如きであります。

次に薄片を造る際にも大体両者の区別が出来るものであります。即ち酸性岩ならば造るのに手間どる。時間が沢山にかゝるが、基性岩の方は比較的容易に造り得られるものですから大体此の時両者の区別をなし得られるものであります。而して上記の事を頭に置いて実際岩石に接して鑑定する時は尚次の事項を考慮に入れてすべきであると思ひます。

そこで、柿原明十氏がかつて入名郡山吉田村黒淵の山林中で初めて閃緑岩に出逢はれたときに、此の岩石は閃緑岩也と判定せられたる当時の状況を述べられた通り御参考までに記してみます。

1. 鉄鎚を加へた時の触感
   岩石の採集の際、鉄槌を加へたる時岩石が非常に堅くて、而も粘り気の強いことを感じた時、之れは基性岩類、若しくは之れに近い岩石であると想像して、扨て次に其の破壊せられた内部の新鮮なる面の

2. 色沢を見る。 色沢は遠くから見ると黒く且つ輝いて見える。熟視すると純黒ではなく多少濃緑色を帯びて居る。鉱物の間に淡紅白色に見ゆる僅かな鉱物が混在して居ることが認められた。更に之れと同時に

3. 其の組織と鉱物とを考へる。 組織は稍、粒状で緑黒色の鉱物は輝石にも亦角閃石にも見える。然し其の色沢と劈開とに注意すると（其の時ルーペを要する。）角閃石らしく見えるから假に角閃石として置き、又帯白色の鉱物を見るに、帯白で岩石の成分をなすと謂へば大半は長石類である。然ればこれは長石の一種であるべし。然れとも劈開面の光沢も鈍く、結晶も花崗岩に於ける正長石の様でない。恐らく斜長石なるべし。然らば大体に於て角閃石と斜長石との岩石の如く見ゆる。其処で角閃石と斜長石とを主成分とする閃緑岩と想像して、更に又次の事項即ち

4. 露出の状態を調べる。 脈状岩である。貫れたる岩石は緑色結晶状にして剤状完全の岩石であるから、古くも古成層時代か然らざればそれ以前の時代と想像して其処で此の如き古代の噴出岩としては屡、脈状岩として愛はれる閃緑岩と決定するより外に道がないことになる。

斯の如き鑑定は初学者には或は無理なる注文であるかも知れぬが、誰れでも

之れ丈けの注意が必要であると思ひます。
要するに初学者としては未調査の區域に入り込んで岩石を判定することは稀で，既に調査済で地質図も出來てゐると謂ふ地方にて，其の地質図及說明書によって頭を仕上げることが最も便利ですから，地質図を手にし乍ら岩石を考へることも無用のことではあるまいと思ひます。
或は又適當なる指導者の敎示を受けるやうに致したいと思ひます。
其他肉眼の鑑定には，色，臭氣，味，手に觸れた時の感じと，鐵槌を加へたる時の感じに依つて判定することもありますので，書物の上でも亦實物に当つた時も何物をも見逃さぬこと，及び其の注意が肝要であります。

⑨ 岩石の顯微鏡による鑑定

岩石の鑑定は以上の如くでありますが，尚鑑定の方法に肉眼的鑑定の如く簡易なことには出來ぬし且つ準備も面倒であり，判定の方法も一層面倒でありますが，決定的である方法に，顯微鏡に依る鑑定の方法があります。
此の鑑定には先づ岩石（又は鑛物）の薄片を造る必要がありますから之れから述べてみます。

◆ 薄片の作り方

　A. 準備　用具及材料

　　(イ). 鐵板　（方2尺6寸位の厚き鋼鉄板のこと）
　　(ロ). スリ硝子板（厚さ3分位で方1尺位の板）
　　(ハ). 金剛砂　（細きもの及粗きもの）
　　(ニ). 歯磨粉　（又は酸化第二鉄）
　　(ホ). スライド硝子とカバー硝子
　　(ヘ). カナダバルサム　ピンセット（二本）　柄付針　アルコール燈
　　　　　マッチ　小刀　鉄のヘラ　ブラシ　アルコールを入れる皿等

　B. 方法

　　供試岩石に鉄槌を加へて薄き小破片を作りまして，先づ鉄板上にて粗き金剛砂を敷きまして，少しく水を注加して湿しました後，円形を描きつゝ力を入れて磨きます。斯くしますと漸次磨擦面は磨れまして平面になって来ます。鉄板上で十分平滑となりました時は，スリ硝子上に歯磨粉を置き水

を少々加へ，更に平滑にします。其の時水多きに過ぎますと，泡立って悪しく，何時でもですが水多くして泡立つのは結果に於てよくありません。斯くの如くに磨れて面が大となるに到りますと一度湯で破片を洗ひ，拭き乾しまして，バルサムにてスライド硝子上に粘着せしめます。

粘着し終へましたらば，スライド硝子のまゝ前記と同様にして鉄板上で粗き金剛砂で薄くなるまで，薄くなれば細き金剛砂で更にすりへらして薄きものとします。薄きものとなりますれば，金剛砂を洗ひ落してスリ硝子上で歯磨粉を用ひて前記と同様に磨きて平滑なる面を作ると同時に薄くします。磨く時の注意と致しましては，特に面が平になる様に注意することであります。平にする方法としては円形を描きつゝ磨く間に円形十回に対して一回の割合で縦に手前に引く様にしますと大体平面が得られるものであります。御笞意願ひます。

斯く磨き來りて全く薄片（透して半透明）となれば，充分水洗，乾燥して別に準備されたるスライド（スライド上にバルサムを粘着せしめ，スライドと共にバルサムは酒精燈上で熱して煮て氣泡を全く駆逐し終へ透明となれるもの）上に移します。

移し方はスライドに粘着せしめたる薄片をアルコール燈で熱してバルサムを溶し，前記別に準備せるスライドの上へ静かに針等で移します。後溶けたるバルサムで薄片を被ひ更にその上にカバー硝子を被せて良くおしつけて気泡を駆逐して冷却固着せしめることであります。余分なバルサムは小刀で削り取り，尚とれぬ部分はアルコールで拭ふと，きれいに取り得られるものであります。

出來上れば岩石名，製作者及製作年月日等を紙片に記入し貼布し置くことであります。

以上でやり方の大略を述べ終つたつもりであります。

◆ 顕微鏡を用ひて岩石を鑑定する道
1．岩石を岩石用顕微鏡を用ひて鑑定するには偏光ニコルを用ふることが必要であります。
2．偏光とは一方に偏したる光を作ることであります。
3．電気剪を見ると，剪は電気石を縦の線（主軸）に並行して薄片を作りた

るものを二枚にして造つてあります。
4. 鏡の回轉は自由で電氣石の主軸に並行することも直角にすることも出來ます。

並行にすると物が見え，直角にすると物が見えない。つまり電氣石内を通る光線は上下にのみ振動する光線に限りて通過を許すからであります。

5. 方解石を通して物を見ますと二つに見えます。
6. 此の二つに見える内の一つの光線のみを捕へる方法を以て製作せられたるものがニコルであります。
7. 此の二つのニコルを顯微鏡の上下におくことは各種中等學校敎科書又は鑛物書に見られる通りであります。
8. 又れも通過光線を並行にも直角にもすることが出來るやうに裝置してあります。

同一物なるも下にあるのを偏光，上にあるのを解析ニコルと申します。

9. 既に出來上りたる岩石薄片を二つのニコルの間に置き，ニコルを直角にすると岩石中の鑛物の中を通る光線が，鑛物の種類に依つて振動の方向が異るので色彩が異つて見えます。
10. 其処で薄片中にある鑛物を区分して（区分の仕方は鑛物書参照）然る後岩石を鑑定するのであります。

⑩ 地　質　圖

各地質地代の各種の岩石類（水成岩，火成岩，変成岩）の分布及び排列の有様並びに地体構造を表示する地圖であります。

通常地形圖の上に色々な色刷をして岩石類の異種であることを示し，地体構造を示すために地質記号が加へられてあります。

地質圖は地質調査に依つて作製されるもので，通常その說明書がついて居ります。地質說明書には各岩類の硏究結果地体構造論等の外應用地質に關する報告も附け加へられて居ります

地質圖の書き方は時代の古き地区程色を濃く塗り且鮮に塗り，新しき時代の地区程淡色とすることであります。淡い所はよけれ共，濃い所は淡い色を塗り乾けば又其の上に塗るといふやうに淡色の色素液を何回も塗ることで，其の結

果所要の濃さに到らしめることであります。斯くするとムラにならず、鮮明に塗り上げることが出來ます。從つて地質圖作製は夏が好適と存じます。

　臺圖としましては參謀本部發行の地形圖を用ひてします。其他無地のものを使用します。

　今發行されて居ります地質圖としましては大略次の樣であります。

商工省地質調査所	２００萬分ノ一	帝國地質圖
	１００萬分ノ一	日本地質圖（絕版）
	４０萬分ノ一	地質及鑛産圖（絕版）
	２０萬分ノ一	地　質　圖　幅
	７.５萬分ノ一	地　質　圖　幅
		油田地質圖，特殊鑛山地質圖等
朝鮮總督府地質調査所	５萬分ノ一	朝鮮地質圖幅
南滿洲鐵道株式會社地質調査所	４０萬分ノ一	滿洲地質圖幅
臺灣總督府發行	１萬分ノ一	臺灣地質圖
樺太廳　發行		樺太地質圖等

參　考　引　用　書　籍

◇栁原明十著　　愛知縣の地質　　　　　大正元年九月發行　　愛知縣山林会發行

◇栁原明十著　　愛知縣の地質獨習案内記　大正二年十月發行　　愛知縣山林会發行

◇栁原明十著　　地質學と愛知縣　　　　昭和二年六月發行　　創　生　社　發行

◇栁原明十氏の實地指導を受けし際口述せられたことを栁原喜多朗連記せし物

◇古今書院發行　地　學　辭　典

⑪ 日本地質系統表

			成層岩類	塊状岩類
太古代	片麻岩系		正片麻岩, 黒雲母片麻岩 (領家片麻岩) 複雲母片麻岩, 角閃片麻岩 (鹿塩片麻岩) 花崗片麻岩 雲母片岩, 結晶質石灰岩	花崗岩
	結晶片岩系	下部	絹雲母片麻岩 (正式絹雲母片岩)	蛇紋岩
		中部	緑色岩類 (緑泥片岩, 緑泥角閃岩, 緑簾片岩 角閃片岩, 藍閃片岩) 黒色岩類 (石墨片岩) 石灰岩	
		上部	絹雲母片岩	
古生代	秩父古生層（深海成生）	下部	輝岩 (輝石角閃片岩, 輝石緑簾片岩) 角閃緑簾片岩	蛇紋岩 斑糲岩 橄欖岩 閃緑岩
		中部	石英岩 (硅岩) アヂノール板岩 輝緑凝灰岩 石灰岩, 石蓮虫石灰岩, 硬砂岩 粘板岩 千板岩	閃緑岩 輝緑岩 石英斑岩
		上部	紡錘虫石灰岩 石灰岩 輝緑凝灰岩 ラヂオラリヤ硅板岩 輝緑岩の流れ	
	小佛層（浅海成生）		粘板岩 石英片岩 硬砂岩 礫岩	輝緑岩 玢岩
中生代	三畳系		頁岩と砂岩との累層 {デクチオブライラム層 プシウドモノチス層 シエラタイチス層} の三石層に分つ	玢岩
	侏羅系		頁岩と砂岩の累層中アンモン介を包む 石灰岩 礫岩	玢岩
	白堊系		頁岩, 砂岩, 礫岩 石灰岩 三角介を包む	斑岩類 玢岩 輝緑岩 閃緑岩
新生代	第三紀層	始新層	日本には明瞭ならずとの説	
		中新層	(又は古層) 凝灰岩, 頁岩, 泥灰岩, 砂岩, 礫岩	流紋岩 玢岩
		最新層	(又は新層) 凝灰岩, 頁岩, 砂岩, 礫岩, 礫, 砂利砂	富士岩 玄武岩
	第四紀層	洪積層	粘土 砂 礫 ローム	玄武岩
		沖積層	粘土 砂 礫	溶岩 (輝緑富士岩)

岩石並鑛物 採集要覽

目次

鑛物篇

鑛物番号	鑛物名稱	産地	頁
1	硅酸マンガン 並 菱マンガン鑛	北設楽郡振草村大字上粟代(かみあはしろ)	23
2	水晶	北設楽郡下津具村白鳥山	24
3	水晶	丹羽郡犬山町内田木曽川沿岸	25
4	マンガン鑛	八名郡舟着村大字吉川	26
5	繊維方解石	八名郡舟着村大字乗本	27
6	繊維方解石	八名郡舟着村大字乗本	28
7	犬牙方解石	八名郡舟着村大字乗本	29
8	薔薇輝石	八名郡舟着村大字吉川	30
9	異剝石	八名郡八名村大字富岡雨生山	31
10	異剝石の成因に就きて		32
11	硅酸マンガン	静岡縣磐田郡佐久間村西渡(にしど)	33
12	黄銅鑛	静岡縣磐田郡佐久間村	34
13	霰石	八名郡山吉田村舟着村境界吉川峠	35
14	武石	八名郡八名村大字中宇利	36
15	蛭石	丹羽郡池野村富士尾張富士	37
16	ニッケル,コバルト鑛	八名郡八名村大字中宇利	38
17	霰石	八名郡山吉田村大字竹輪	39
18	霰石	八名郡八名村大字中宇利	40

19	黄銅鑛	丹羽郡池野村安楽寺廃坑跡	41
20	黄鉄鑛	北設楽郡振草村大字上粟代	42
21	輝鉛鑛?	丹羽郡池野村安楽寺廃坑跡	43
22	樹枝状マンガン	丹羽郡池野村神尾篠平	44
23	方解石	渥美郡田原町大字片浜 様堀場	45
24	繊維方解石	渥美郡野田村大字仁崎	46
25	方解石	丹羽郡城東村善師野 野出洞	47
26	マンガン鑛	東春日井郡味岡村大山石金	48
27	玉髄	丹羽郡城東村善師野寺洞	49
28	玉髄	南設楽郡海老町川貴側瀧ノ下	50
29	玉髄	南設楽郡海老町棚山山頂	51
30	玉髄	南設楽郡海老町棚山山頂川の中	52
31	玉髄	南設楽郡海老町棚山	53
32	輝安鑛	北設楽郡下津具村大桑	54
33	輝安鑛	北設楽郡振草村大字上粟代	55
34	高師小僧	丹羽郡池野村富士	56
35	高師小僧	豊橋市野依町	57
36	褐鉄鑛	丹羽郡城東村善師野伏屋	58
37	樹枝状マンガン	南設楽郡長篠村豊岡字柿平	59
38	硅化木	丹羽郡城東村善師野寺洞	60
39	蛋白石	南設楽郡海老町棚山山頂	61
40	石炭	南設楽郡鳳來寺村大字門谷	62
41	方鉛鑛，黄銅鉱黄鉄鑛の集合物	八名郡七郷村睦平の金山	63
42	鐘乳石	丹羽郡城東村善師野	64
43	碧玉	南設楽郡海老町棚山	65

あずくじ (ruby on 安楽寺 row 19)

岩石番号	岩石名称	産地	頁
44	毒　　　砂	北設楽郡振草村大字上粟代	66
45	方　鉛　鑛	北設楽郡下津具村大桑	67
46	辰　　　砂	北設楽郡下津具村大桑	68
47	石　　　炭	南設楽郡海老町大字川売(かうれ)	69
48	閃亜鉛鑛	北設楽郡下津具村大字大桑	70

岩　石　篇

岩石番号	岩石名称	産地	頁
49	領家片麻岩	北設楽郡段嶺村田峰	71
50	領家片麻岩	額田郡本宿村鉢地坂峠	72
51	領家片麻岩	額田郡一宮村上長山本宮山	73
52	領家片麻岩	南設楽郡千郷村大洞山	74
53	領家片麻岩	宝飯郡一宮村上長山本宮山	75
54	結晶質石灰岩	北設楽郡振草村大字古戸	76
55	眼球狀片麻岩	宝飯郡一宮村東上	77
56	鹿塩片麻岩	静岡縣磐田郡浦川村	78
57	雲田片岩	宝飯郡一宮村上長山本宮山	79
58	雲田片岩	南設楽郡海老町　海老田峰間	80
59	雲田片岩	宝飯郡一宮村上長山本宮山	81
60	石墨片岩	八名郡舟着村大字乗本	82
61	石墨片岩	八名郡山吉田村大字下吉田	83
62	石墨片岩	八名郡舟着村大字吉川	84
63	緑泥片岩	八名郡舟着村大字乗本	85
64	緑泥片岩	八名郡山吉田村大字下吉田	86
65	緑泥片岩	八名郡八名村八名井	87

66	角閃片岩	八名郡山吉田村大字町寺	88
67	石英片岩	八名郡舟着村大字吉川	89
68	緑泥緑簾片岩	八名郡大野町栃久保	90
69	紅簾片岩	静岡縣磐田郡瀬尻村	91
70	緑泥角閃岩	八名郡山吉田村大字下吉田	92
71	緑泥角閃片岩	八名郡舟着村大字乗本	93
72	藍閃片岩	八名郡舟着村大字乗本字東畑	94
73	石英岩	八名郡舟着村大字吉川	95
74	滑石片岩	八名郡舟着村大字吉川	96
75	滑石片岩	八名郡山吉田村大字下吉田	97
76	結晶質石灰岩	八名郡舟着村大字乗本字川添	98
77	結晶質石灰岩	八名郡大野町栃久保	99
78	輝岩	八名郡舟着村大字吉川	100
79	輝岩	八名郡石巻村大字馬越	101
80	輝岩	八名郡山吉田村大字阿寺	102
81	石灰岩	八名郡石巻村大字嵩山	103
82	黒色石灰岩	丹羽郡池野村大字八曽字萱野	104
83	結晶質石灰岩	八名郡石巻村大字三輪	105
84	千枚岩	八名郡石巻村大字嵩山	106
85	石墨千枚岩	八名郡石巻村大字嵩山	107
86	緑簾透角閃岩	渥美郡野田村大字馬草	108
87	輝緑凝灰岩	八名郡石巻村大字嵩山	109
88	輝緑凝灰岩	丹羽郡犬山町内田	110
89	輝緑凝灰岩	八名郡八名村大字富岡	111
90	輝緑凝灰岩	八名郡石巻村大字嵩山	112

9 1	輝緑凝灰岩	渥美郡野田村大字馬草	113
9 2	輝緑凝灰岩	丹羽郡城東村栗栖	114
9 3	石灰岩	渥美郡田原町大字白谷	115
9 4	ラヂオラリヤ硅板岩	丹羽郡犬山町犬山城下	116
9 5	角岩	丹羽郡城東村栗栖	117
9 6	変質粘板岩	丹羽郡池野村富士,尾張富士	118
9 7	変質粘板岩	丹羽郡池野村入鹿籔ヶ洞	119
9 8	変質粘板岩	丹羽郡池野村神尾	120
9 9	粘板岩	渥美郡野田村大字仁崎	121
1 0 0	石英岩	八名郡石巻村大字嵩山	122
1 0 1	石英岩	丹羽郡池野村富士,尾張富士	123
1 0 2	石英岩	丹羽郡池野村入鹿	124
1 0 3	石英岩	丹羽郡犬山町犬山城下	125
1 0 4	紫色石英岩	丹羽郡犬山町内田	126
1 0 5	黒色石英岩	丹羽郡城東村栗栖	127
1 0 6	角礫岩	八名郡七郷村大字能登瀬	128
1 0 7	礫岩	八名郡山吉田村大字阿寺	129
1 0 8	礫岩	丹羽郡城東村善師野寺洞	130
1 0 9	礫岩	丹羽郡池野村富士	131
1 1 0	凝灰質頁岩	南設楽郡鳳來寺村玖走勢	132
1 1 1	砂質頁岩	丹羽郡城東村善師野寺洞	133
1 1 2	砂質頁岩	北設楽郡田口町清崎与良木峠	134
1 1 3	砂質頁岩(含化石)	南設楽郡海老町連合	135
1 1 4	砂質頁岩(含化石)	南設楽郡海老町連合	136
1 1 5	頁岩	南設楽郡長篠村大字富栄	137

116	頁　　　岩	南設楽郡鳳來寺村大字門谷	138
117	頁　　　岩	南設楽郡鳳來寺村大字門谷	139
118	頁　　　岩	丹羽郡池野村富士	140
119	頁　　　岩	南設楽郡海老町連合,与良木峠	141
120	頁　　　岩	丹羽郡城東村善師野字野出洞	142
121	泥　灰　岩	南設楽郡鳳來寺村大字門谷	143
122	泥　灰　岩	南設楽郡鳳來寺村大字門谷	144
123	砂　　　岩	南設楽郡鳳來寺村大字玖老勢	145
124	砂　　　岩	南設楽郡海老町連合	146
125	砂　　　岩	丹羽郡城東村善師野寺洞	147
126	砂　　　岩	南設楽郡鳳來寺村大字門谷	148
127	砂　　　岩	丹羽郡池野村富士	149
128	砂　　　岩	南設楽郡鳳來寺村大字峰	150
129	流紋岩質凝灰岩	南設楽郡長篠村槇原駅附近	151
130	流紋岩質凝灰岩	北設楽郡三輪村川合乳岩(ちいば)	152
131	凝　灰　岩	北設楽郡三輪村川合	153
132	凝　灰　岩	北設楽郡三輪村川合官林	154
133	礫質凝灰岩	南設楽郡長篠村豊岡宇湯谷	155
134	洪積層(沖積層との比較研究)	丹羽郡犬山町橋爪及其附近	156
135	複雲母花崗岩	南設楽郡鳳來寺村大字追分	157
136	複雲母花崗岩	南設楽郡海老町海老	158
137	電氣石白雲母花崗岩	南設楽郡海老町大字須山	159
138	仝　　　　上	南設楽郡海老町海老.田峰間	160
139	黒雲母花崗岩	北設楽郡段嶺村田峰	161
140	角閃黒雲母花崗岩	南設楽郡東郷村大字上平井	162

141	黒雲母花崗岩	丹羽郡池野村富士	163
142	黒雲母花崗岩	北設楽郡本郷町外 戦橋(たがひ)附近	164
143	角閃花崗岩	幡豆郡幡豆町東幡豆	165
144	脈状花崗岩	宝飯郡一宮村上長山	166
145	脈状花崗岩	宝飯郡一宮村上長山本宮山	167
146	斑糲岩	八名郡八名村大字富岡雨生山	168
147	橄欖斑糲岩	八名郡八名村大字富岡雨生山	169
148	斑糲岩	八名郡山吉田村大字東竹ノ輪	170
149	紫蘇輝石斑糲岩	幡豆郡吉田町宮崎	171
150	透輝石橄欖岩	渥美郡田原町堂浦(どうほ) 笠山	172
151	透輝石斑糲岩	渥美郡田原町姫島	173
152	蛇紋岩	八名郡山吉田村大字竹ノ輪	174
153	蛇紋岩	八名郡舟着村乗本字蔵平	175
154	蛇紋岩	八名郡八名村大字中宇利	176
155	蛇紋岩	八名郡山吉田村大字下吉田	177
156	蛇紋岩	八名郡舟着村大字乗本字大平	178
157	蛇紋岩	八名郡八名村八名井旗頭山(はたがしらやま)	179
158	蛇紋岩	八名郡石巻村大字馬越(まごし)	180
159	八名郡蛇紋岩の話		181
160	閃緑岩	宝飯郡一宮村足山田	182
161	輝緑岩	八名郡石巻村大字馬越	183
162	英雲閃緑岩	南設楽郡鳳來寺大字峰	184
163	真珠岩	南設楽郡鳳來寺村大字玖走勢	185
164	真珠岩	南設楽郡鳳來寺村大字門谷	186
165	真珠様松脂岩	南設楽郡鳳來寺村大字門谷	187

166	松脂岩	南設楽郡鳳來寺村大字門谷	188
167	松脂岩	南設楽郡海老町　佛坂峠	189
168	蛋白石様松脂岩	南設楽郡鳳來寺村,鳳來寺山	190
169	流紋岩	南設楽郡鳳來寺村大字門谷	191
170	流紋岩	南設楽郡鳳來寺村	192
171	流紋岩	南設楽郡鳳來寺村,鳳來寺山	193
172	流紋岩	南設楽郡長篠村豊岡字槇原	194
173	石英硅長岩	南設楽郡鳳來寺村大字門谷	195
174	流紋岩の話		196
175	頑火長石玢岩	八名郡七郷村名越	197
176	輝石玢岩	南設楽郡長篠村大字豊岡	198
177	玄武岩質富士岩	北設楽郡豊根村字連祭臼山	199
178	玄武岩	北設楽郡下津具村	200
179	輝緑玢岩	八名郡大野町　板敷川床	201
180	輝緑玢岩	南設楽郡海老町海老与良木峠	202
181	玢岩	南設楽郡鳳來寺村大字玖走勢	203
182	玢岩	南設楽郡鳳來寺村大字門谷	204
183	玢岩	南設楽郡鳳來寺村大字門谷	205

　むすび ……………………………………… 206

鑛物篇

1. 硅酸マンガン並に菱マンガン鑛

Ⅰ. 産　　　地────北設楽郡振草村大字上粟代(かみあはしろ)

Ⅱ. 鑛物解説

　1. 成　　　分────マンガン，酸素及び炭素

　2. 肉眼的鑑別────色は兩者共に紅紫色であるが，菱マンガン鑛の方は硬度低く菱形の頭が出てゐることがあり，酸類を注ぐ時は，菱マンガン鑛の方は発泡せず，何れも普通のマンガン鑛（黒色の物）を伴つて出ることである．領家片麻岩中から出ることもある。其他硅酸マンガンは諸成層の岩石から出て來ることもある．何れにしても簡易に兩者を区別するには前記の方法あるのみであるから，命名するにも注意を要する．

　3. 鑛物分類────非金属鑛物

　4. 出來た時代────古生層又は片麻岩系の時代

　5. 用　　　途────媒熔剤，顔料，特殊鋼　等

Ⅲ. 採集地略図

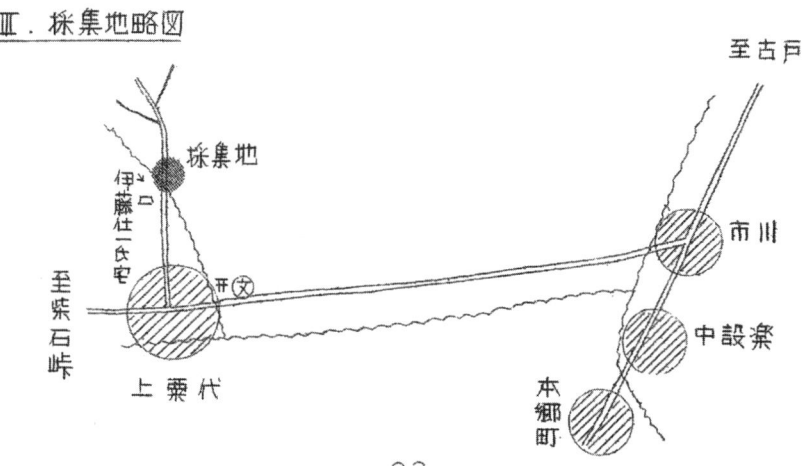

2. 水　晶

I. 産　地――北設楽郡下津具村白鳥山水晶谷

II. 鑛物解説

1. 成　分――無水硅酸（SiO_2）

2. 肉眼的鑑別――黒色透明　三角錐，六角柱狀の結晶　硬い（硬度＝7）比重＝2.6内外である。

3. 出　來　方――白鳥山は褶曲の峰か又は地層の折れた所の高い所なるべし。領家片麻岩で出來て居リ地変で岩層中に空隙が出來たのである。此の空隙を充さんとして岩石中より硅酸分が浸泌して出來たのが，此の水晶である。

六角柱狀で先端三角錐面が三個で終つて居る。極めて珍稀である。

4. 出來た時代――太古代の片麻岩系の時代

5. 鉱物大別――非金属鉱物

6. 採集可否及注意――採集出來るも今後の研究の爲なるべく保護して保存したい。

7. 用　途――標本位の程度

III. 採集地略図

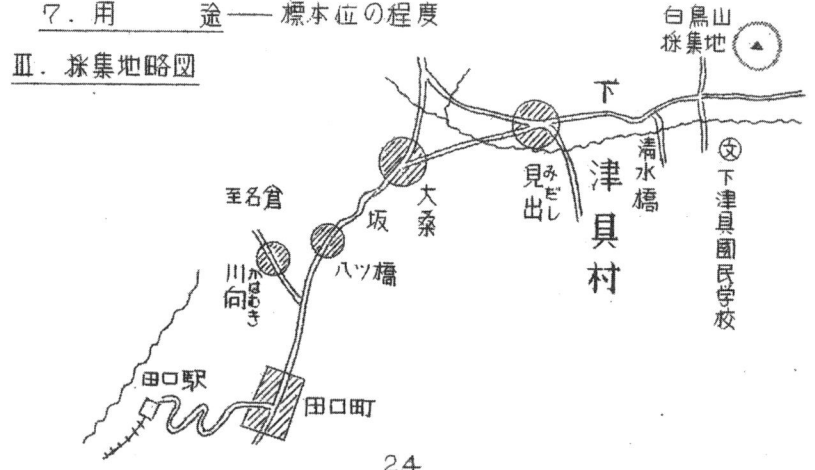

3. 水　晶

I. 産　　地 ——— 丹羽郡犬山町内田木曽川沿岸ニシキ溪

II. 鑛物解説

　1. 成　　分 ——— 無水硅酸（SiO_2）

　2. 肉眼的鑑別 ——— 其の表面多少風化して色も黄白色に変つた石英岩体中の小さき割れ目の中に、之れ又石英の小さき結晶の発達せるを見る

　3. 出　來　方 ——— 地変で石英岩層の中に空隙が出來此の空隙を充さんとして岩石中より硅酸分が分泌して出來たのがこの水晶である。

　4. 鉱物大別 ——— 非金属鉱物

　5. 出來た時代 ——— 古生層の時代

　6. 分布區域 ——— 少量産出　且つ小晶

　7. 採集の可否並其の注意 ——— 保護して採集をひかへて保存致し度い。

　8. 用　　途 ——— 小さすぎて用途なし。

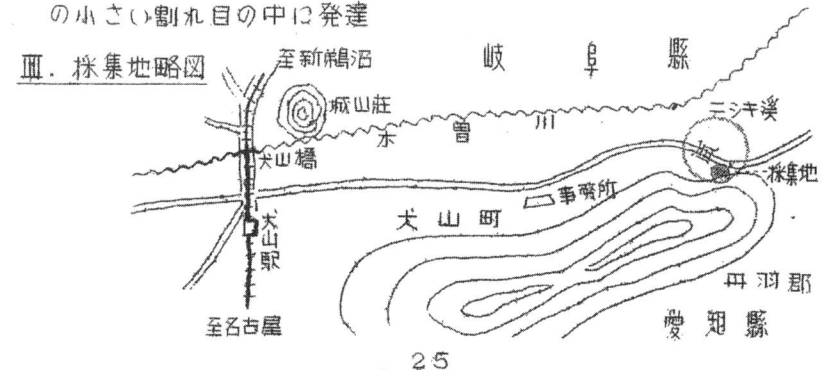

III. 採集地案内 ——— 犬山橋上流名古屋水道水口事務所から約一町にしてニシキ溪に達する橋あり、渡り終った右側の(山側)の石英岩の小さい割れ目の中に発達

III. 採集地略図

4. マンガン鉱

Ⅰ. 産　　地 ―――― 八名郡舟着村大字吉川　根引川沿岸

Ⅱ. 鉱物　解説

 1. 成　　分 ―――― マンガン

 2. 肉眼的鑑別 ―――― 標本に見る黒き部分である。黒くて黒紫色がかつた鉄様の金属光沢を有し塊状をなしてをるものである。比重大で3.9乃至4.3である。條痕は鉄黒色乃至褐色である。化学成分は一定せざるも主として二酸化マンガンで約80％。其他酸化マンガン(MnO) 酸化バリウム(BaO) 酸化加里(K_2O)水等である。本標本に見るが如く少しく分解し初のる時は褐色を帶びてくるものである。

 3. 出來た時代 ―――― 太古代の結晶片岩層の時代

 4. 鉱物大別 ―――― 金属鉱物に属する。

 5. 分布區域 ―――― 狹い。稼行（採鉱）に堪へず。

 6. 採集の可否並に其の注意 ―――― 可であるも産出量少なき故大切に保存されたい。

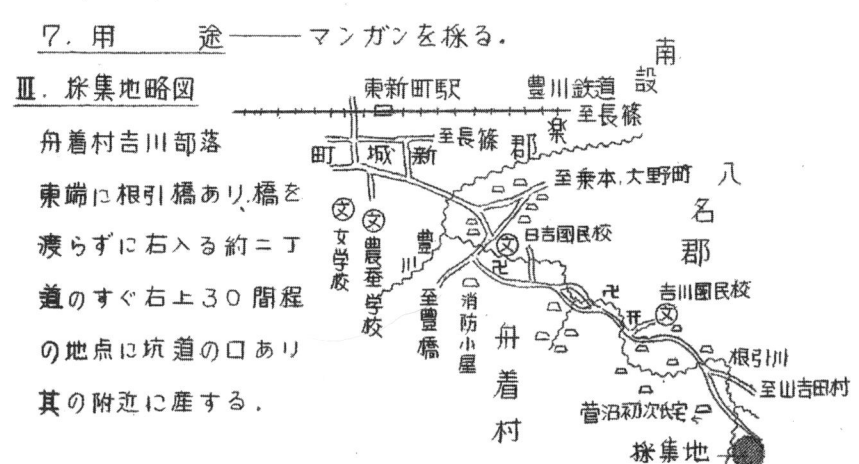

 7. 用　　途 ―――― マンガンを採る。

Ⅲ. 採集地略図

舟着村吉川部落東端に根引橋あり、橋を渡らずに右入る約二丁道のすぐ右上30間程の地点に坑道の口あり其の附近に産する。

5. 繊維方解石

Ⅰ. 産　　　地────八名郡舟着村兼本深澤橋側市川上リ口
Ⅱ. 鉱物解説
　1. 成　　　分────$CaCO_3$
　2. 肉眼的鑑別────菱形の結晶で無色透明又は白色である。之等の結晶が放射状に排列する部分が現はれてゐる。結晶質、玻璃光澤、酸類を注ぐときは発泡する。
　3. 出來た時代────太古代の結晶片岩系（他の片岩類と同時に出來た石灰岩が更に溶解し沈澱して出來た物）
　4. 鉱物大別────非金属鉱物
　5. 分布区域────狹い（局部的である）
　6. 採集可否及注意────現在工事中で、工事終了後は石垣の裏となりて採集出來ぬ。
　7. 用　　　途────標本として珍貴である。
Ⅲ. 採集地略図

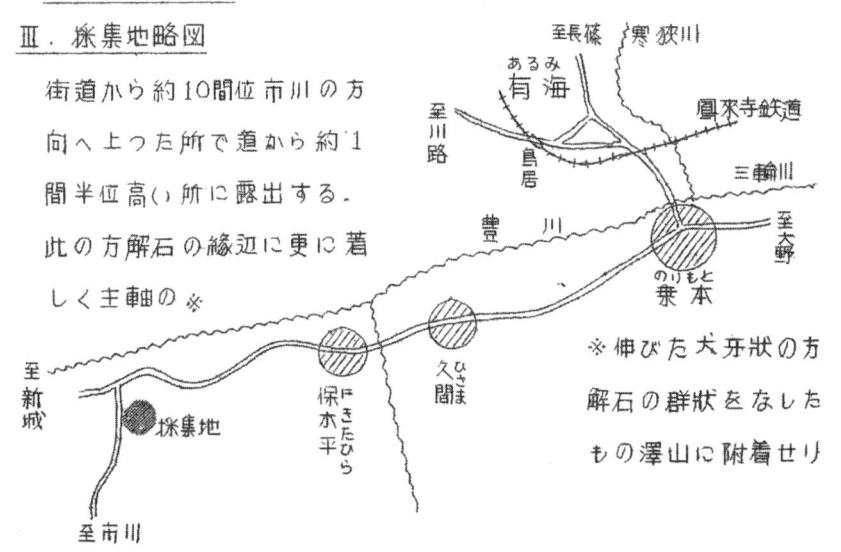

街道から約10間位市川の方向へ上つた所で道から約1間半位高い所に露出する。此の方解石の縁辺に更に著しく主軸の※

※伸びた犬牙狀の方解石の群狀をなしたもの澤山に附着せリ

6. 繊維方解石

Ⅰ. 産　　地――――八名郡舟着村大字乗本　深澤橋附近
Ⅱ. 鉱物解説
　1. 成　　分――――方解石
　2. 肉眼的鑑別――――玻璃光澤で繊維狀で幾分放射狀の形をなす。此れは結晶片岩層中の炭酸石灰が分泌して此の地層中にある空洞を充したものである。之等の物のあることにより結晶片岩の岩層が後に變成した證左に成る物である。無色半透明又は白濁である。重さは方解石のそれと同一である。結晶は斜方六面体で幾分放射狀である
　3. 鉱物大別――――非金属鉱物
　4. 出來た時代――――結晶片岩に続いて出來た物である。
　5. 用　　途――――別にない。
Ⅲ. 採集地略図

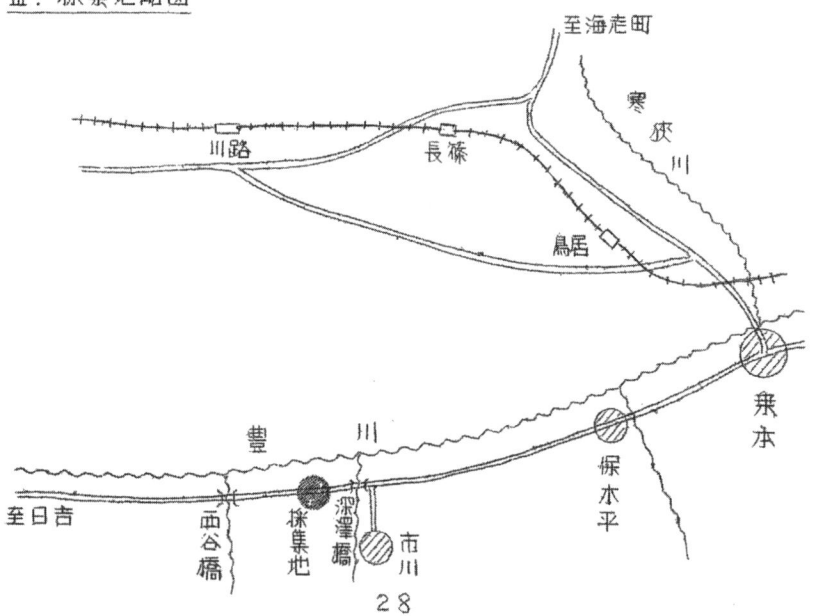

7. 犬牙方解石(けんが)

I. 産　　地 —— 八名郡舟着村字乗本　深澤橋附近

II. 鑛物解説

1. 成　　分 —— $CaCO_3$
2. 肉眼的鑑別 —— 白色-褐色にして,結晶形(六方晶系)(普通の犬牙石よりも一層主軸の延びたる物である)鑑別上の一條件として結晶片岩と緑泥片岩との間に出來たる石灰岩が一旦溶解して石墨片岩の石竈を充填せんとし,此の一つは鐘乳石となり,一つは甚しく主軸の延びたるこの鉱物を生成した.
3. 出來た時代 —— 結晶片岩系の時代であるが二次生である.
4. 鑛物大別 —— 非金属鉱物
5. 分布区域 —— 僅かに採集し得と云ふに過ぎず
6. 用　　途 —— 標本として珍貴である

III. 採集地略図

8. 薔薇輝石（又は硅酸マンガン）

Ⅰ. 産　　　地 ——— 八名郡舟着村大字吉川　根引川沿岸

Ⅱ. 鉱物解説

　1. 成　　　分 ——— マンガン

　2. 肉眼的鑑別 ——— 薔薇赤色である。硬マンガン鑛（黒色）又は
　　　軟マンガン鉱（黒色）と, 大低の場合共に産出する（随伴
　　　する）緻密質である。條痕は白色で光澤は玻璃光沢（又は
　　　眞珠光沢）比重は3.4乃至3.68　硬度は5.5乃至6.5
　　　成分はMnO（酸化マンガン）54％と, SiO_2（硅酸）4
　　　6％との割合である。
　　　表面容易に風化して, 二酸化マンガンを生じて暗褐色乃至
　　　黒色となってくる。

　3. 出來た時代 ——— 結晶片岩層の時代

　4. 鉱物大別 ——— 金属鉱物

　5. 分布区域 ——— 狹い

　6. 採集可否並其の注意 ——— 可であるも産出量少ない故徳義上保
　　　存されたい。

　7. 用　　　途 ——— マンガンは採れぬ. 時に宝石代用とする。

Ⅲ. 採集地略図 ——— 「マンガン鉱」26頁の図参照

　　　マンガン鉱と同一の場所で産出する。即ち吉川の部落東端の
　　　根引川沿岸で, 菅沼初次氏宅附近の山中から産出する。石英
　　　岩と同一産地である。

9. 異剝石

I. 産　　地 ── 八名郡八名村大字富岡　雨生山(うぶ)

II. 鉱物解説

1. 成　　分 ── 輝石や角閃石の類と同一である。が、たゞ合分に於て多少相異せるのみである。

2. 肉眼的鑑別 ── 雲母よりも少しく金属光沢がかつて居る。此の光沢面が異った各所にあるのが特徴である。其の理由は厚い雲母の塊を不規則に一ケ所に集めたと同様に劈開面があらはれた所と現はれぬ所とがある。つまり劈開の方向が一様になつて居らぬと謂ふことを表はし、それが此の鉱物の鑑定の要点であり且つ此の名の起つた所以である。新鮮な面は濃緑色

3. 鉱物大別 ── 非金属鉱物

4. 出来た時代 ── 太古代の末期から古生代の初期迄の内である。斑糲岩中に斑糲岩脈として成生せられたる物、従つて斑糲岩の成分としては大塊を爲してゐる。

III. 採集地略図

10. 異剝石の成因に就きて

兩生山の異剝石は其の結晶の大なる点に於て既に天下に著聞して居る所である．今其の理由を考ふるに兩生山は古生層を突き破りて生じたる斑糲岩塊の山岳で，更にこの斑糲岩塊を脈状に突き破りて出で來りたる，斑糲岩漿の結晶質となりたるもので恰も花崗岩中に花崗岩脈が貫きて長石や，石英等の巨晶を生じたると同じ理由にもとづくものである．

兩生山の想像断面図

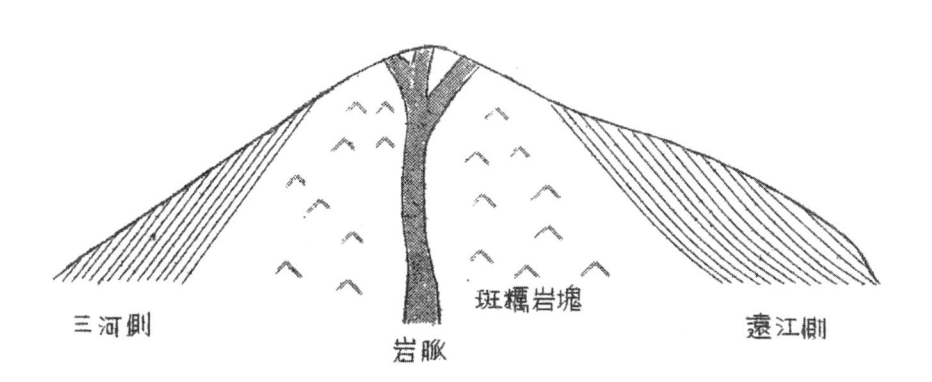

三河側　　岩脈　斑糲岩塊　　遠江側

11. 硅酸マンガン （又は薔薇輝石）

Ⅰ. 産　　地 —— 静岡縣磐田郡佐久間村大字西渡町

Ⅱ. 鉱物解説

　1. 成　　分 —— マンガン

　2. 肉眼的鑑別 —— 結晶片岩層の間に狭まれて存在して居る。薔薇赤色を呈し、硬く（硬度5.5）緻密質である。玻璃光沢を呈する。非常に美麗である。

　3. 鑛物大別 —— 金属鉱物

　4. 出來た時代 —— 結晶片岩層の時代

　5. 分布区域 —— 層は厚けれ共産量は少ない。

　6. 採集可否並其注意 —— 可なれども堅硬故採集困難である。

　7. 用　　途 —— 飾り用の程度　マンガンは採取出來ぬ。

Ⅲ. 採集地略図

久根銅山から天竜川に沿ひて川下へ4町程進むと西渡の町へ出る。町を出はづれて尚進むこと ※

※ 1町半位で橋あり、橋を渡らずに其の附近左側（川下へ向つて）結晶片岩層中に狭まれて存在、道路改修に伴ひて轉石其の附近に点々してをるやも知れず。

12. 黄銅鑛

Ⅰ. 産　　　地——靜岡縣磐田郡佐久間村久根鑛業所

Ⅱ. 鑛物解說

　1. 成　　　分——銅と鐵並に硫黄

　2. 肉眼的鑑別——銅と鐵と硫黄との化合物である。上等の黄銅鑛は色が黄色で $Cu_4 Fe_3 S_3$ の割合である。足尾、荒川産の物は之れである。悪い銅鑛は色白味を帶べる黄色 $Cu_3 Fe_4 S_3$ (又は $Cu_3 Fe_3 S_4$) の割合より成る。Cu をとるのに不適である。之れらは硫酸製造の原料とする。久根鑛業所産のものはこの悪い方に屬する。尚此の外硫酸銅、炭酸銅等を伴ひて産出する。

　　　白味を帶べる黄色條痕は細くて黒い。荒川、足尾のものは條痕太くて線黒色

　3. 出　來　方——鑛液が結晶片岩と互層をなして出來た物である。扁頭狀鑛層鑛床

　4. 出來た時代——太古代の結晶片岩系

　5. 鑛物大別——金屬鑛物

　6. 分布區域——廣くないが今後何ヶ年採集出來るか想像つかず。

　7. 採集上注意——許可を受くること。

　8. 用　　　途——採銅、又鐵もとる。

Ⅲ. 採集地略圖

　　　　　　圖は「硅酸マンガン」(33頁)の略圖を照
　　　　　　採集地は久根銅山

13. 霰　石

I. 産　地 ── 八名郡山吉田村ー舟着村の境界吉川峠にて

II. 鑛物解説

1. 成　分 ── 炭酸カルシウム（$CaCO_3$）炭酸マグネシウム（$MgCO_3$）

2. 肉眼的鑑別 ── 六角柱状の結晶が放射状に集合して居る。之れ等結晶群が蛇紋岩の割れ目を充填して居る。白色又は無色透明

   硝子光沢（断口には稍、樹脂光沢がある）

   硬度は方解石（硬度3）よりも少しく硬くて3.5－4

   脆い。断口は介殻状を呈する。酸に溶けて発泡（CO_2）するも石灰岩や方解石のそれの如く激しくはない。之れで区別が出来る。

3. 産出状況 ── 蛇紋岩の割れ目へ蛇紋岩中の成分が分泌して其の割目を充す時に出来る。

4. 出来た時代 ── 結晶片岩の時代（太古代）

5. 鑛物大別 ── 非金属鉱物で且つ二次的鉱物である。

6. 分布区域 ── 狭いが点々として各所に産出する。

7. 採集可否並注意 ── 採集出来る。昭和十一年一月二十二日吉川峠切割を尚切り下げて通路拡張と傾斜を緩和する際峠の蛇紋岩を沢山採堀した。其の時出た物　工事主任中村正氏が事務所に保存して居られた物を乞うて標本に譲り受く。

8. 用　途 ── 標本として珍貴なり。

III. 採集地略図 ── 「マンガン鉱」（26頁」の図参照

　　吉川峠頂上、蛇紋岩割れ目の中に産する。

14. 武(ぶ)石(せき)

I. 産　　地　——　八名郡八名村大字中宇利字福津

II. 鑛物解説

　1. 成　　分　——　水酸化鉄（表面）内部黄鉄鑛

　2. 肉眼的鑑別　——　色は濃褐色　正八面体に結晶す。條痕褐色で割るときは，内部より黄色の，黄鉄鉱が出てくる。滑石片岩中に点在する。

　3. 出來た時代　——　出來方（結晶片岩中に黄鉄鑛として入り居りたる物が，滑石片岩に変成する時変化した物である。結晶片岩の時代

　4. 鉱物大別　——　非金属鉱物

　5. 分布区域　——　狭い

　6. 採集の可否　——　採集出來る（ツルハシ其他で掘出す）

　7. 用　　途　——　假晶の標本として價値あり，

　　日本の産地としては信州の武石村武石に産するのみ。

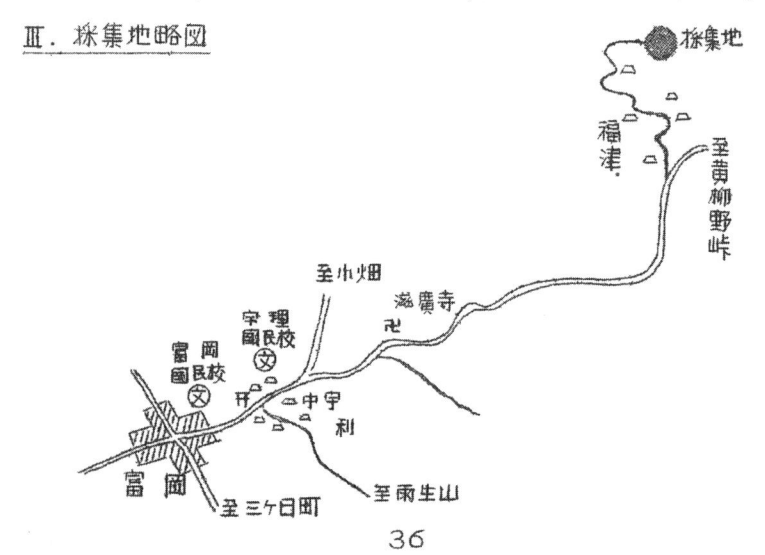

III. 採集地略図

15. 蛭石（ひるいし）

Ⅰ. 産　　地────丹羽郡池野村富士　尾張富士西麓本社上
　　　　　　　　　　　　　　　　　２０間の地点
Ⅱ. 鑛物解説
　１. 成　　分────カルシウム, アルミニウム, マグネシウム, 鉄等の
　　　硅酸塩類
　２. 肉眼的鑑別────黒雲母花崗岩が風化して其の中に含有せる黒
　　　雲母が遊離, 之れが多少風化分解して出来た雲母と其の風
　　　化産物との中間物。之れに蛭石と命名せり。雲母様で雲母
　　　より多少褐色がかれるもの。葉片状の鉱物。其の面（劈開
　　　面）玻璃光沢を呈す。小粒, 加熱（試験管中で）すると著
　　　しく伸長する。斯様な鉱物に対して蛭石と命名せしか。伸
　　　長するの理は含有揮発成分（水？）の放散によるなるべしと
　　　考へられる
　３. 鉱物大別────非金屬鉱物
　４. 分布区域────花崗岩の露出区域に亙りて　　狭い
　５. 採集可否並注意────可なれども尾張富士の山故遠慮せられよ
　６. 用　　途────標本として珍？
Ⅲ. 採集地略図────尾張富士西麓より登り本社殿の前の坂路を更
　　　　　　　　　に約２０間登った所の露出
　　　　　　　　　花崗岩の附近に点在。

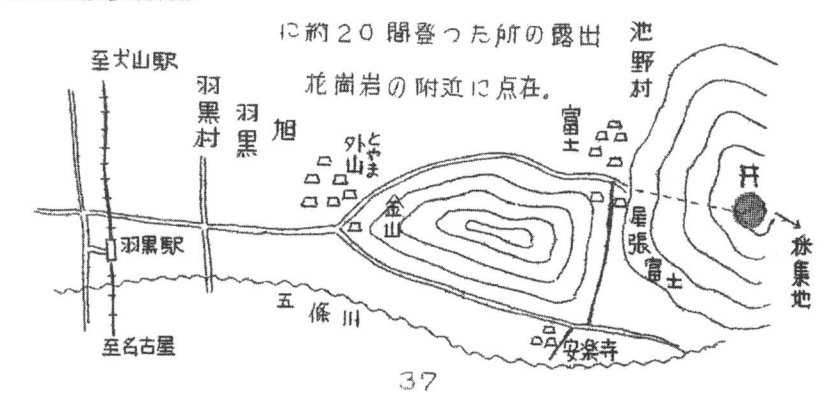

16. ニッケル.コバルト鑛

Ⅰ. 産　　地————八名郡八名村大字中宇利　瓶割峠附近(かめわり)

Ⅱ. 鉱物解説

　1. 成　　分————ニッケル及びコバルト

　2. 肉眼的鑑別————緑色である。蛇紋岩中には各種の鉱物を含む。金属鉱物としてはクロム鉄鉱, ニッケルコバルト鉱, 白金　又非金属鉱物としては霰石及方解石を含むと謂って居る。蛇紋岩の露出地を其の眼で見たらば此の緑色の鉱物を得た。分析の結果はニッケルとコバルトとで良いと思ふ

　3. 鉱物大別————金属鉱物

　4. 出来た時代————蛇紋岩と同時代

　5. 用　　途————ニッケル,コバルトを得て, 之等は合金剤として良いが産出量が少い。

Ⅲ. 採集地略図

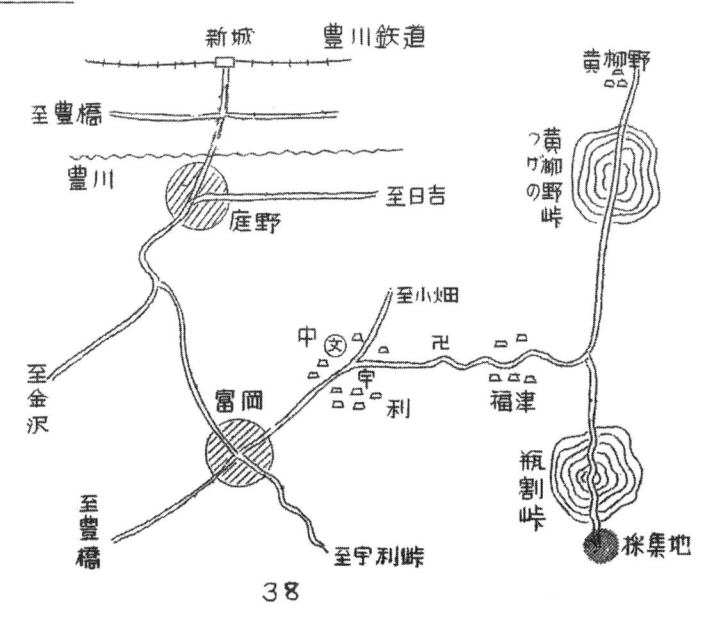

17. 霰　石

Ⅰ. 産　　地 —— 八名郡山吉田村大字竹輪　早松峠附近
Ⅱ. 鉱物解説
　1. 成　　分 —— $CaCO_3$ と $MgCO_3$
　2. 肉眼的鑑別 —— 色は白色透明　針状の結晶物が扁平に放射状につく。酸を注ぐ時は発泡するも其の発泡する割合は方解石に比較して少ない。
　3. 産出状態 —— 蛇紋岩の割目の中へ蛇紋岩中の成分が分泌して其の割目を充す時に斯る結晶物が出来る
　4. 鉱物大別 —— 二次性の非金属鉱物
　5. 出来た時代 —— 蛇紋岩が出来るとこれに引き続きて出来た物なるべし。　結晶片岩の時代
　6. 分布区域 —— 廣い
　7. 採集可否 —— 採集出来る
　8. 用　　途 —— 標本として價値がある。

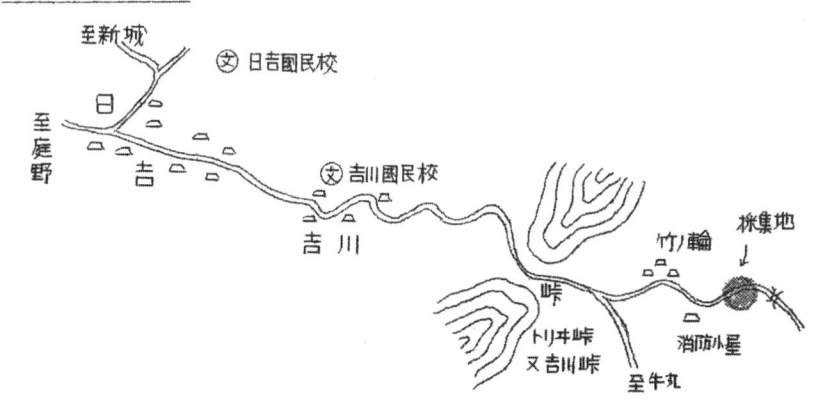

Ⅲ. 採集地略図

18. 霰 石

Ⅰ. 産　　　地 ―― 八名郡八名村大字中宇利　黄柳野(つげの)峠附近

Ⅱ. 鉱物解説

　1. 成　　　分 ―― 方解石と殆ど同様の成分 即ち $CaCO_3$

　2. 肉眼的鑑別 ―― 一寸判断困難，強いて判断せんとするなれば先づ蛇紋岩に就きて知る必要がある。蛇紋岩を知るなれば次に蛇紋岩の裂罅中を充填してある鉱物類を考へる必要がある。其処で鉱物鑑定表に依りて白色鉱物の部分を見て，結晶から，物理的及化学的性質に依りて鑑定するのである。

　3. 鉱物大別 ―― 非金属鉱物　二次性鉱物である。

　4. 出來た時代 ―― 蛇紋岩より後の物と謂ふより外確たる時代を知るに由なし。即ち明でない。

　5. 用　　　途 ―― ない。但し学問的に珍貴である。

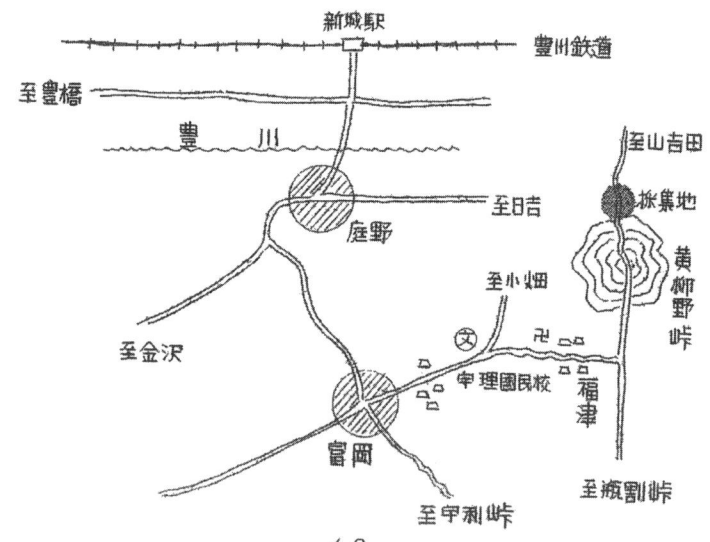

Ⅲ. 採集地略図

19. 黄銅鑛

I. 産　　地——丹羽郡池野村安樂寺（あづくじ）　廃坑跡

II. 鉱物解説

　1. 成　　分——硫化銅

　2. 肉眼的鑑別——黄赤色又は銅色，重く軟く條痕太く且緑黒色につくことで容易に他と鑑別出來る。

　3. 鉱物大別——金属鑛物

　4. 出來た時代——古生層の時代

　5. 分布区域——狹い

　6. 採集の可否並注意——可なれども採集を遠慮して保存いたしたい。

　7. 用　　途——別にない。昔は之を原料として採銅す。

III. 採集地略図

　羽黒駅より入鹿池に向つて進むと間もなく金山分岐点に達する。道を右にとりて入鹿池に向ふ。三四町進みて左側に安樂寺部落を見て行くこと暫くにして左側の山側にある花崗岩採取場に至る。此の附近の赤松林の中に廃坑がある。此処で採集出來る。

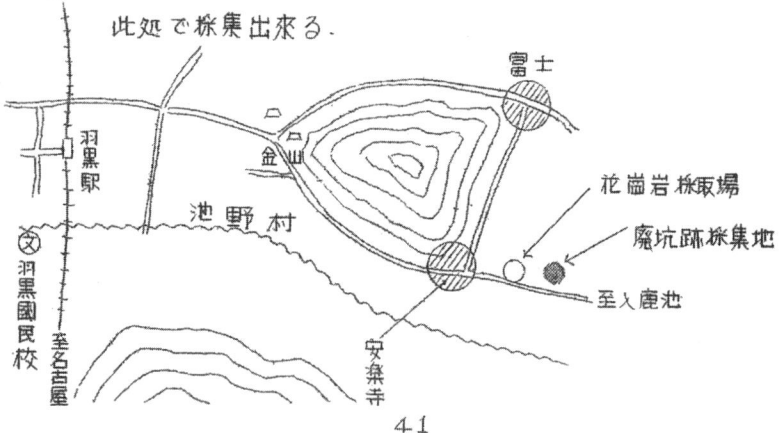

20. 黄鉄鑛

Ⅰ. 産　　地————北設楽郡振草村大字上粟代稲目鉱山
　　　　　　　　　　　　（近頃粟代鉱山と呼ぶ）
Ⅱ. 鑛物解説
　1. 成　　分————鉄と硫黄との化合物
　2. 肉眼的鑑別————結晶は等軸晶系、特に八面体及六面体、或は夫れの變形が多い。色は黄白色である。劈開不完全で、新しく出來た時は立派な金属光沢あるも、空中にさらしおく時は間もなく錆びるべし。條痕は緑黒色にして細い、即ち硬い。
　3. 鉱物大別————金属鉱物
　4. 出來た時代————各地質時代
　5. 用　　途————沢山あれば硫酸製造用とする。
　　粉砕して其の粉末を壁に塗り込む。小結晶のもの程壁にぬり込むに良い、且つ錆びない。

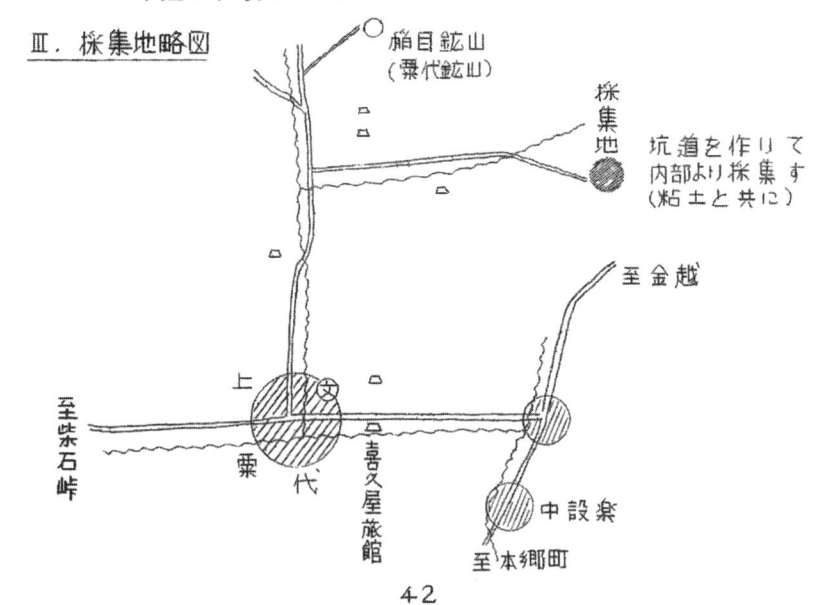

Ⅲ. 採集地略図

42

21 輝 鉛 鑛

Ⅰ. 産　　　地 —— 丹羽郡池野村安樂寺(あずくじ)　廢坑内

Ⅱ. 鑛物解説

　1. 成　　分

　2. 肉眼的鑑別 —— 銀白色で小粒, どちらかといへば鉛色, 條痕
　　又太く且鉛色, 比重大で軟く, 黄銅鑛, 黄鉄鑛を伴ふ。
　　斯る鑛物が採集出來るが故に栃原明十氏は此の鑛物を輝鉛
　　鑛なるべしと述べて居られる。

　3. 鑛物大別 —— 金屬鑛物

　4. 出來た時代 —— 古生層の時代

　5. 分布区域 —— 狹い。

　6. 採集可否並注意 —— 可なれども少量しか産せぬ故大切に

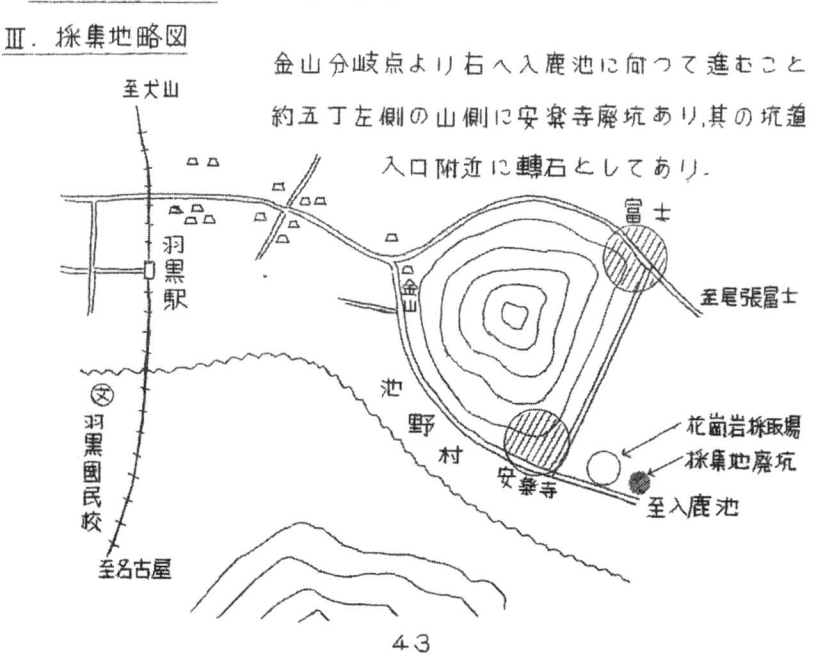

　7. 用　　途 —— 珍貴である。

Ⅲ. 採集地略図

金山分岐点より右へ入鹿池に向つて進むこと
約五丁左側の山側に安樂寺廢坑あり,其の坑道
入口附近に轉石としてあり。

22. 樹枝状マンガン (信夫石)

I. 産　　地 —— 丹羽郡池野村神尾篠平　入鹿池南畔天道園附近

II. 鉱物解説

1. 成　　分 —— マンガン (二酸化マンガン)

2. 肉眼的鑑別 —— 黒色，シノブの葉類似，又樹枝状に変質粘板岩の割れ目に附着して産す。少しく金属光沢を認め得られる

3. 出來方 —— マンガンの溶液が岩石の極く細い間隙へ強く浸入せる結果出來るものである。紙の間へインクを一滴落して両方からおさへて見給へ

4. 鉱物大別 —— 金属鉱物

5. 出來た時代 —— 秩父古生層又はそれ以後の時代

6. 分布区域 —— 狭い

7. 採集の可否並注意 —— 可，少く且つ探し求めなければ採集見当てることが困難である。

8. マンガン含有する鉱物 —— 結晶片岩類，噴出岩(流紋岩,真珠岩等)等に伴ふ。

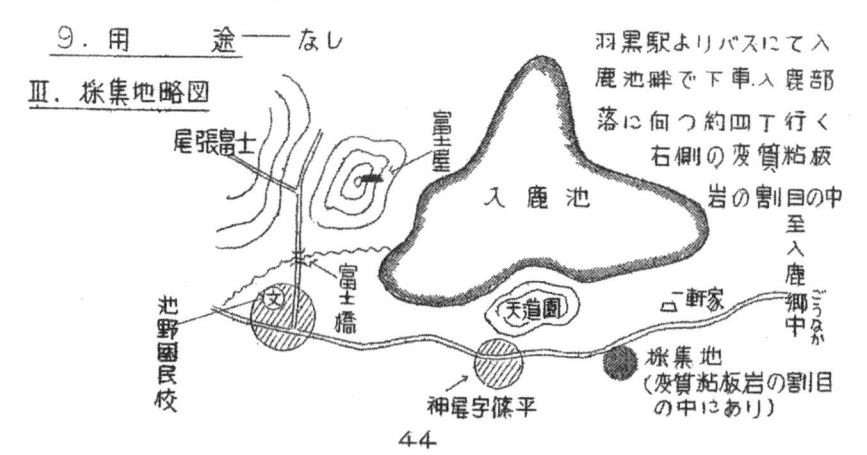

9. 用　　途 —— なし

III. 採集地略図

羽黒駅よりバスにて入鹿池畔で下車，入鹿部落に向つ約四丁行く右側の変質粘板岩の割目の中至入鹿郷中

採集地
(変質粘板岩の割目の中にあり)

尾張富士　富士屋　入鹿池　天道園　一軒家　神尾字篠平　池野国民校　富士橋

23. 方解石

I. 産　　　地──渥美郡田原町大字片浜　珱堀場

II. 鑛物解説

1. 成　　　分──炭酸カルシウム（$CaCO_3$）
2. 肉眼的鑑別──劈開面玻璃光沢著しく，稍、分解して脆弱，且つ黄褐色を呈して居る。外観極めて美なり。
3. 鉱物大別──非金属鑛物
4. 出　來　方──鐘乳洞出來，此の内に石灰分の結晶せるもの即鐘乳石が漸次に構成せられ之等方解石が出來てゐた洞が後日崩れ堆積したものなり。
5. 出來た時代──石灰岩より後の時代（古生層の時代以後）
6. 分布区域──狹い.
7. 採集可否並注意──小さい結晶物は多数あり採集容易なれども大きいものは極めて稀にして採集も困難である。
8. 用　　　途──珍稀である。

III. 採集地略図

田原町から山を越えて片浜の部落に達し之より白谷に崎方面への新道を海岸に沿ひて南下すること5-6町，左側に石灰岩採堀所あり。其の附近の石垣中にある。

24. 繊維方解石

I. 産　　地────渥美郡野田村大字仁崎(にさき)

II. 鉱物解説

1. 成　　分────方解石（$CaCO_3$）
2. 肉眼的鑑別────太い繊維状で平行的に配列して居る。玻璃光沢で、白色稀、半透明又は白濁極めて珍貴である。
　　方解石の劈開面の玻璃光沢に注意せられよ。方解石なることは結晶で、又$CaCO_3$であることは酸を注ぐとCO_2（炭酸瓦斯）発生、打つ時はH_2S（硫化水素）臭を発することで知られる。
3. 鑛物大別────非金属鉱物
4. 出來た時代────古生代即秩父古生層の時代
5. 分布区域────輝緑凝灰岩の層中に挟在して居る。
6. 採集可否並注意────可．輝緑凝灰岩を採掘して居るから其の附近へ行けば採集出來る。
7. 用　　途────標本として珍貴である．

III. 採集地略図

田原町より片浜に出で海岸通りを福江町へ向つて進む時は白谷を経て仁崎に達する．仁崎部落の背後の山で輝緑凝灰岩を採掘して居る故其の附近で採集せられよ．

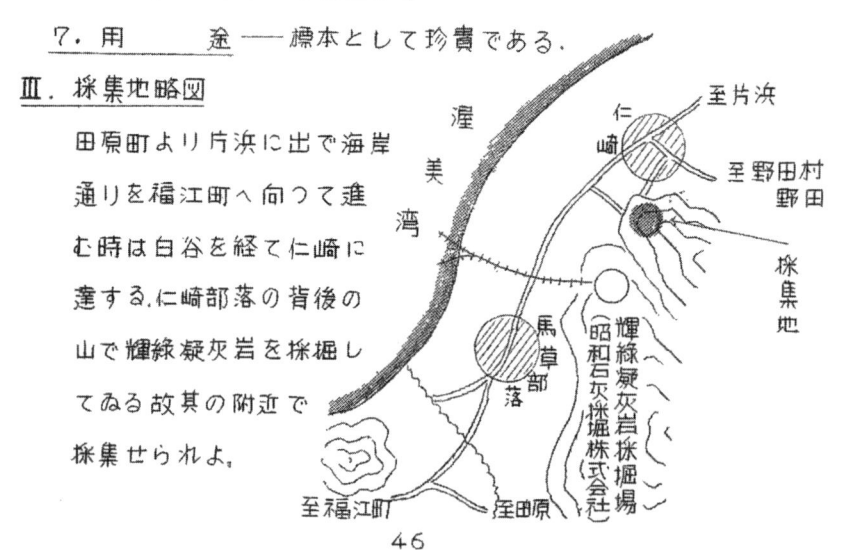

25. 方解石

I. 産　地 —— 丹羽郡城東村善師野(ぜんじの) 字, 野出洞(のでぼら)

II. 鑛物解説

1. 成　分 —— $CaCO_3$

2. 肉眼的鑑別 —— 野出洞の頁岩其他の採集地に於て砂質頁岩を採集. 此の岩石の割れ目（空隙）に方解石の結晶群を見付けた. 最初は水晶の群体ではないかと思ひしも少しく疑問の処ありし爲帰校後塩酸を注加して見たるに発泡するを見て方解石なりと断定せし次第である.

3. 鉱物大別 —— 非金属鉱物

4. 出来た時代 —— 三紀古層の時代

5. 分布区域 —— 狭い. 空隙に見付けたのみ

6. 採集可否並注意 —— 大切に保護を願ひたい.

7. 用　途 —— なし. 標本として珍貴である.

III. 採集地略図

善師野駅前のサバ採販場に於て向つて左側の隅の山の麓で竹林に接する地点附近の砂質頁岩の空隙中に方解石の結晶群を見付けた.

26. マンガン鑛

Ⅰ. 産　　地 ——— 東春日井郡味岡村大山石金

Ⅱ. 鑛物解説

1. 成　　分 —— マンガン
2. 肉眼的鑑別 —— 黒色（所々に濃赤褐色の緻密質の部分を認める）重く, 脆く, 條痕褐色
   バラ色の硅酸マンガンの見付からざるは残念であつた。
3. 鑛物大別 —— 金属鉱物
4. 出来た時代 —— 三紀層の時代
5. 分布区域 —— 廣い.
6. 採集可否並注意 ——
   許可を受けて採取する。
7. 用　　途 ——
   マンガンを採取する。

Ⅲ. 採集地略図

入鹿御殿屋敷より郷川に沿ひて約三丁程進み, そこで川を右に渡り新道を上ること約四丁にして四軒程ある石金部落に達する。部落中央左側山側に採取場がある。
そこで採集する。

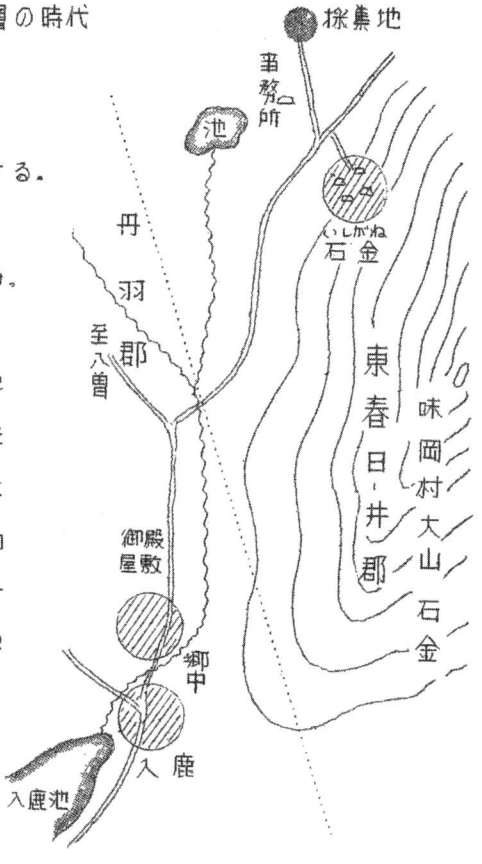

27. 玉髄

I. 産　　地 —— 丹羽郡城東村善師野寺洞熊野神社裏
　　　　　　　　　　　　　　　　　　　　　木葉石採集地
II. 鉱物解説

　1. 成　　分 —— SiO_2

　2. 肉眼的鑑別 —— 硅化木が砂質頁岩中に縦に露出をしてゐる
　　　大きさ梢々石臼に似たり。其の硅化木の体中空所に玉髄の
　　　箇所を見る。小豆大の粒状の物相重り集りて硅化木の体中
　　　の空所を充してゐる。之れ即ち玉髄である。脂肪光澤半透
　　　明で、白色（灰色,灰色等）　硅化木の空隙中に座し、空隙
　　　を充して産する点等よりみて玉髄

　3. 鉱物大別 —— 非金属鉱物

　4. 出來た時代 —— 三紀古層の時代

　5. 採集の可否並注意 —— 少量故保護
　　　致したい。

　6. 分布区域 —— 極く小範囲

　7. 用　　途 —— 標本として珍貴である。

III. 採集地略図

　善師野、寺洞の奥、熊
　野神社の裏の木葉石採
　集場の砂質頁岩中に硅
　化木の露出がある。そ
　の体の空隙中にある元
　瀧実業学校の原田清
　治郎先生が最初に見付
　けられたやうに記憶す。

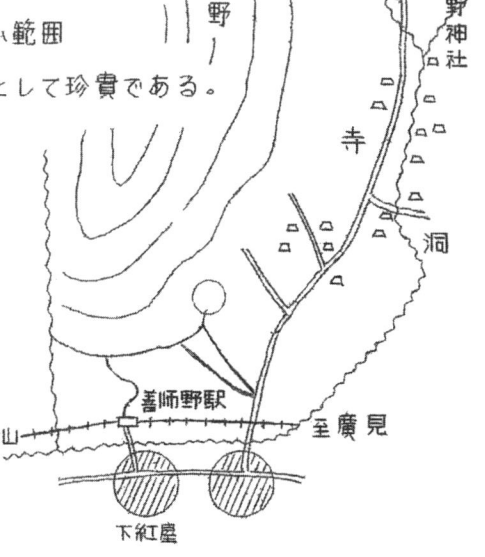

28. 玉　髄

Ⅰ. 産　　地 ―― 南設楽郡海老町川賣（かうれ）側滝ノ下

Ⅱ. 鉱物解説

1. 成　　分 ―― 流紋岩漿より分泌せられた硅酸分
2. 肉眼的鑑別 ―― 球状　全体より見るときは流紋岩であるが、これを割るときは中より玉髄が見られるべし。然し岩漿噴出の時、其の中に瓦斯、水蒸気を有しこの空隙へ硅酸分が分泌し瓦斯の空隙を充して生成せる物故大体の見地より全体之れを称して玉髄と呼ぶのである。
3. 出來た時代 ―― 設楽第三紀層
4. 鉱物大別 ―― 非金属鉱物
5. 分布区域 ―― 狭い。
6. 採集可否並注意 ―― 川の床の流紋岩中に抬頭してゐる。ノミツチを要する、採集に多少の困難を伴ふべし。
7. 用　　途 ―― 標本として珍貴である。

Ⅲ. 採集地略図

29. 玉　　髄

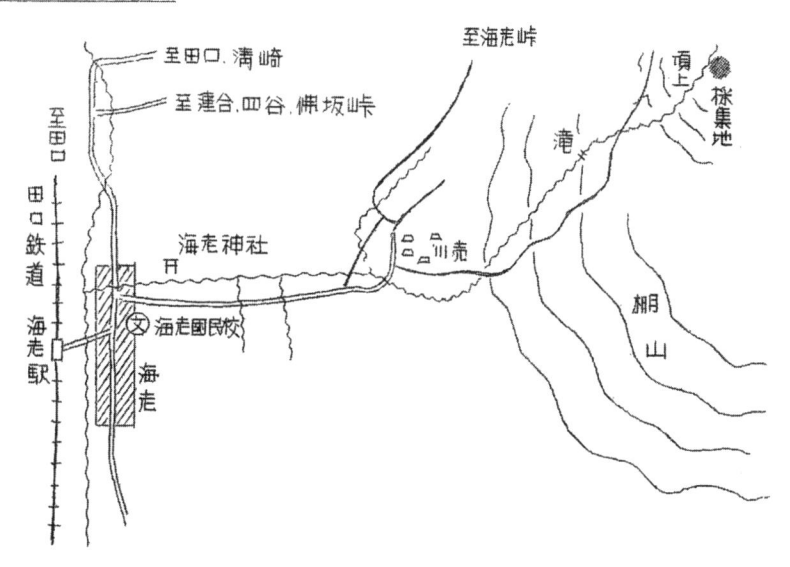

I. 産　　地 ── 南設楽郡海老町棚山山頂

II. 鑛物解説

   1. 成　　分 ── 硅酸（SiO_2）
   2. 肉眼的鑑別 ── 標本に見る、穴の周囲に附着せる物が玉髄である。淡青白色、不透明、小さい玉状をなして居る。樹脂（又は蠟）光沢葡萄状を呈する。
   3. 出來た時代 ── 設楽第三紀層
   4. 鑛物大別 ── 非金属鉱物
   5. 分布区域 ── 狭い
   6. 採集の注意 ── ない時があるやも知れず、さがされ度い。
   7. 用　　途

III. 採集地略図

30. 玉　髄

Ⅰ. 産　　地——南設楽郡海老町棚山山頂川の中

Ⅱ. 鉱物解説

　1. 成　　分——硅酸

　2. 肉眼的鑑別——玉状をなす（葡萄状）（不透明）（淡乳白色）蝋光沢を有する。表面苔類附着せる為観察不充分である。

　3. 出來た時代——設楽第三紀層

　4. 鉱物大別——非金属鉱物

　5. 分布区域——狭い

　6. 採集の注意——採集ではなく探求の方である。

　7. 用　　途——標本として價値がある。

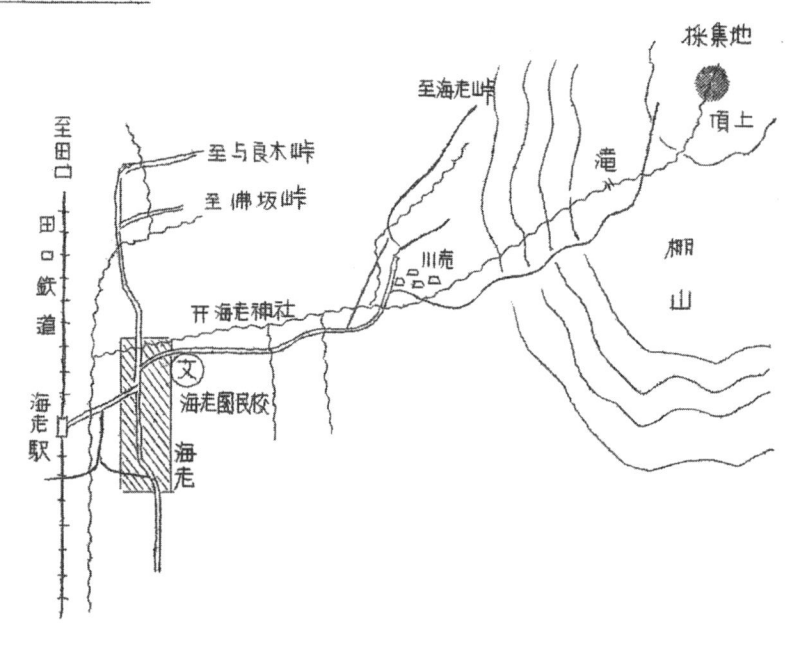

Ⅲ. 採集地略図

31. 玉　髄

I. 産　　地 ── 南設樂郡棚山

II. 鉱物解説

1. 成　　分 ── 硅酸

2. 肉眼的鑑別 ── 流紋岩中の破壊面上に必ず不完全な球状又は半球状をなして居ること。夫れが大小群集して居ること、鉄槌を加へたる場合破砕面が緻密にして淡灰、淡青色を呈して居ることである。

3. 鉱物分類 ── 非金属鉱物

4. 出來た時代 ── 流紋岩と稍々同時代

5. 出　來　方 ── 流紋岩漿が將に流紋岩を成生せんとする時岩漿中の水蒸気或はガスが逸出せんとして大なる力を以て膨脹する爲の半球状の空虚を生じ、その際岩漿中の硅酸分が此の空虚を滿さんが爲に分泌されて出來た物である。

6. 産　　額 ── 稍々多量

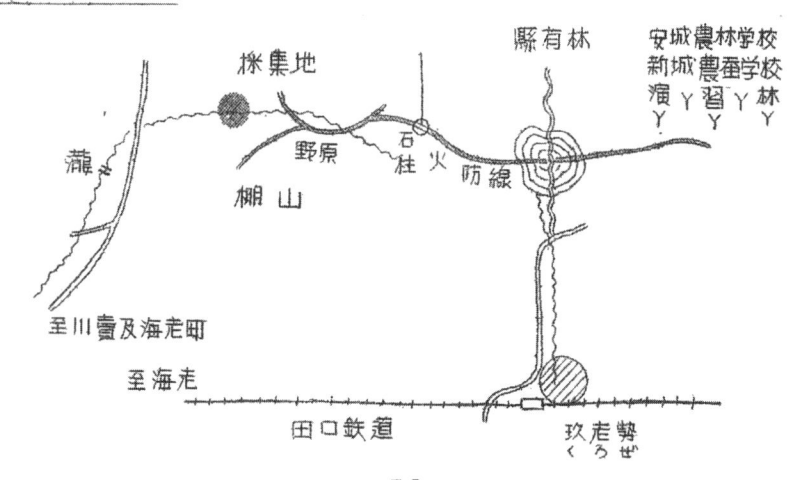

III. 採集地略図

32. 輝安鑛

I. 産　　地────北設樂郡下津具村大桑津具金山株式會社
　　　　　　　　　　　　　　　　　　　　採堀場

II. 鑛物解説

　1. 成　　分────Sb（アンチモン）とS（硫黄）と化合して
　　　　　　　　　Sb_2S_3（硫化アンチモニ）

　2. 肉眼的鑑別────鉛灰色，金屬光澤，硬度＝2　比重4.5-4.7
　　　熔融度低い．劈開甚だ完全である．柱狀結晶，著しき縱の
　　　條線がある．美しい結晶で巻頭の寫眞に見る通りである

　3. 出　來　方────鑛脈鑛床

　4. 出來た時代────設樂第三紀層の時代

　5. 鑛物大別────金屬鑛物

　6. 分布區域────狹し

　7. 採集可否並注意────可なるも許可を受くる必要がある．

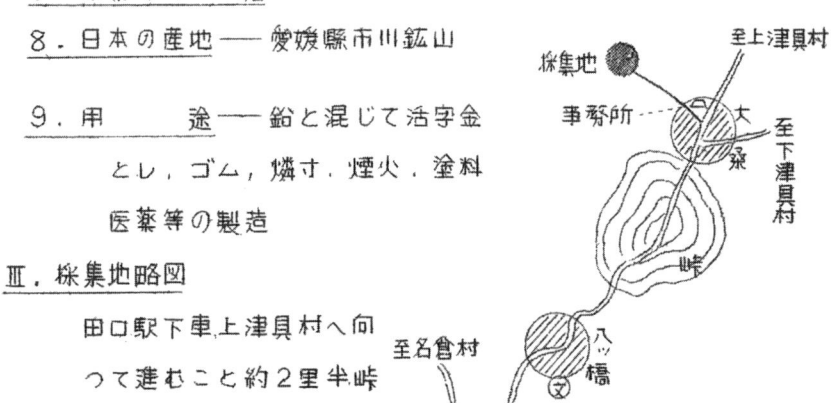

　8. 日本の産地────愛媛縣市川鑛山

　9. 用　　途────鉛と混じて活字金
　　　とし，ゴム，燐寸，煙火，塗料
　　　醫藥等の製造

III. 採集地略圖

　田口驛下車上津具村へ向
　つて進むこと約2里半峠
　の頃に達する．その附近
　の大桑部落の入口道二
　叉す．其處にある事
　務所の裏山で採集す．

33. 輝安鑛

I. 産　　　地 —— 北設樂郡振草村大字上粟代稻目鑛山
　　　　　　　　　　（現在では粟代鑛山と呼ぶ）

II. 鑛物解說

　1. 成　　　分 —— アンチモニーと硫黃との化合物である。

　2. 肉眼的鑑別 —— 稻目鑛山の物は鑛染鑛床より出來てゐる。結晶は放射狀に出來て居ることが日本での特徵である。金屬光澤最も強く, 色は銀灰色である。

　3. 分　　　類 —— 金屬鑛物

　4. 出來た時代 —— 第三紀の時代

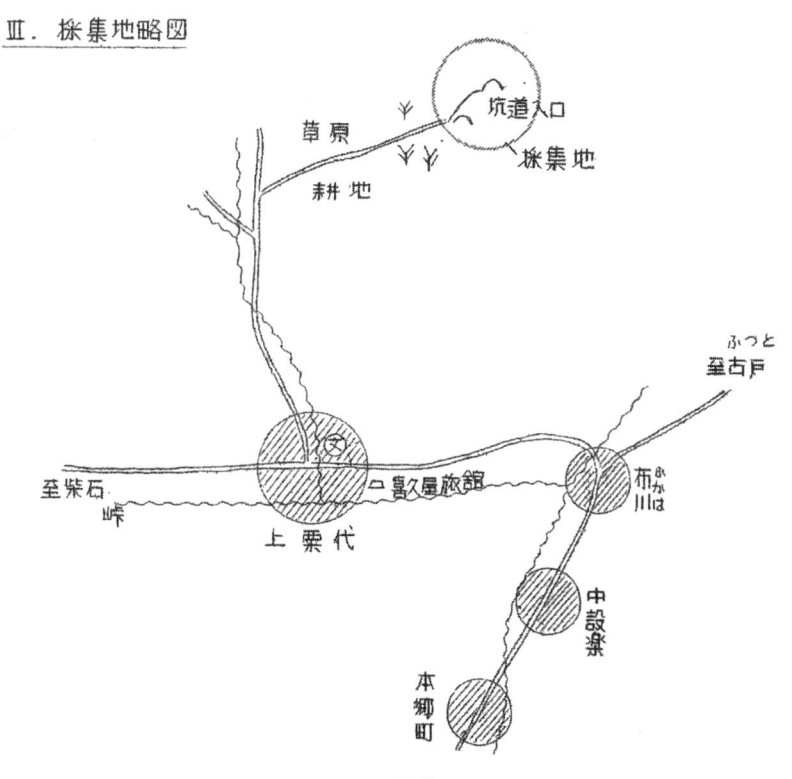

　5. 用　　　途 —— アンチモニーを採取して合金とする

III. 採集地略圖

34. 高師小僧

I. 産　地 —— 丹羽郡池野村富士部落入口附近の奥村忠入氏宅側の瓦用粘土採掘場

II. 鑛物解説

1. 成　分 —— 水酸化鉄 ($Fe(OH)_3$)

2. 肉眼的鑑別 —— 含鉄鉱物の風化変質の際出来るもので、地表近くに多く出来る。水酸化鉄で第二次性の鉱物である。黄色又は黄褐色で、條痕黄褐色管状をなし又は中心に木質のものを包む。風化せるためか極めて脆く完全なるものは採集し難い。第三紀新層の頁岩より来れる粘土層中に大体水平に挟在産出す。風雨にさらすと脆弱の度を増す。ボロボロとなる。洪積層の特有鉱物である。

3. 出来方 —— 地下水にとけた鉄分が土壌中の植物体と交代して出来た管状のものである。

4. 鑛物大別 —— 金属鉱物

5. 出来た時代 —— 第三紀新層の時代

6. 分布区域 —— 狭く、此の附近のみらしい。

7. 採集可否並注意 —— 可なれども奥村忠入氏方へ願出るがよい。

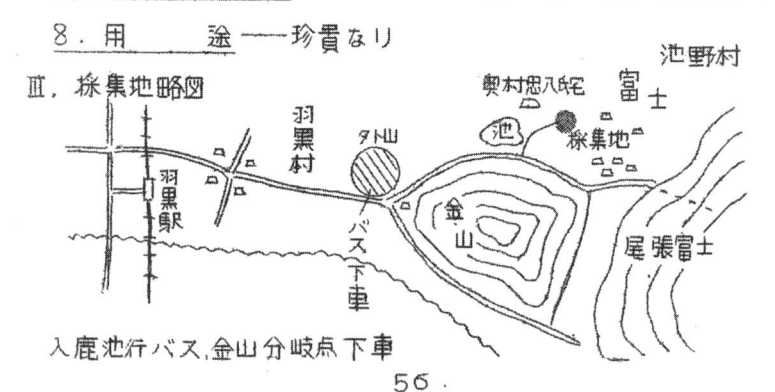

8. 用　途 —— 珍貴なり

III. 採集地略図

入鹿池行バス、金山分岐点下車

35. 高師小僧 (褐鉄鉱)

Ⅰ. 産　　地——豊橋市野依町　野依國民学校附近

Ⅱ. 鉱物解説

1. 成　　分——水酸化鉄 ($Fe(OH)_3$)

2. 肉眼的鑑別——含鉄鉱物の変化又は其の水溶液から沈澱して出來た水酸化鉄で第二次性の鑛物である。條痕褐色，比重比較的大である。管狀を爲す。

3. 出　來　方——水酸化鉄となつてとけた水が笹や萱の原の中を流れて來た。絶へず流れて來た。水酸化鉄は比較的重き故に笹や其他へ突き當る時は水流が緩かになりて，其処で水酸化鉄沈澱根もとに堆積す。長い間に水はかれて沈澱した水酸化鉄は風や雨等で削られて軟い外部が除かれて硬い所が残つて終ひ中の草等が枯れて穴があき残つて出來たものである。

4. 鉱物大別——金属鉱物

5. 出來た時代——新生代

6. 分布区域——狭い。局部的

7. 採集可否並注意

　　採集出來る。大雨の後では大きいものが得られる。

8. 用　　途

　　標本として珍貴である。

Ⅲ. 採集地略図

　　野依國民学校を訪問して敎を希ふが良い

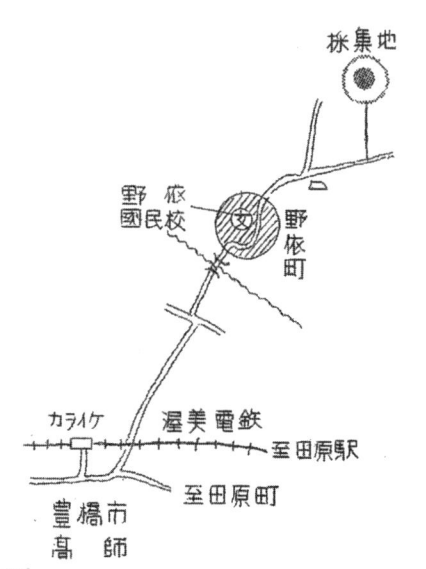

36. 褐鉄鑛

I. 産　　地────丹羽郡城東村善師野伏屋(ふしや)金神山

II. 鉱物解説

1. 成　　分────水酸化鉄　之で礫を膠結

2. 肉眼的鑑別────褐色，其の部緻密で板状，礫を水酸化鉄で膠結，其の状菓子の豆板の如し。鬼板の名も此処より発せるか。新しき第三紀層の時代に生成せるもので，新三紀層の特有鉱物である。少量しか存在せぬ。

3. 鉱物大別────金属鉱物

4. 出来た時代────第三紀（新）層の時代

5. 分布区域────狭い，少量

6. 採集可否並注意────可，但し保存致し度い

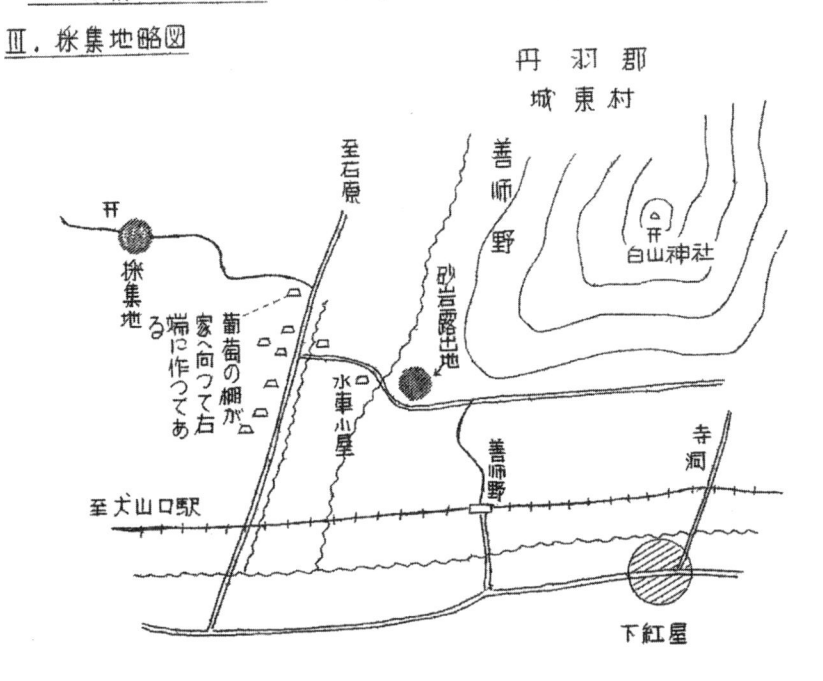

III. 採集地略図

37. 樹枝状マンガン

<u>Ⅰ. 産　　地</u>────南設楽郡長篠村豊岡字槙平の西端

　　　　　　　　流紋岩の大岩壁流紋岩の割れ目にて

<u>Ⅱ. 鉱物解説</u>

　<u>1. 成　　分</u>──マンガン

　<u>2. 肉眼的鑑別</u>──黒い物がシノブの様に又は樹枝状乃至は根状に岩石の割れ目に附着してゐる.

　<u>3. 出　来　方</u>──マンガンの溶液が岩石の極く細い割れ目に強く侵入せる時に出来るものである.

　<u>4. 出来た時代</u>──設楽第三紀層の時代

　<u>5. 鉱物大別</u>──金属鉱物

　<u>6. 分布区域</u>──狭い

　<u>7. 採集可否並注意</u>──可. 相当に沢山ある故採集も容易である. 比較的良い物が採集出来る.

　<u>8. マンガンを含有する岩石</u>　結晶片岩類, 噴出岩等の岩石に伴ふ場合多し.

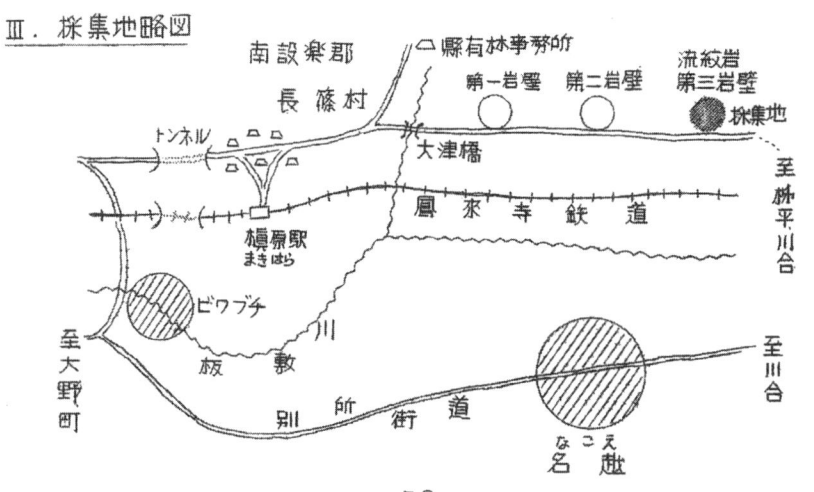

<u>Ⅲ. 採集地略図</u>

38. 硅化木

I. 産　　地 ── 丹羽郡城東村善師野寺洞熊野神社裏の採取場及其の附近

II. 鉱物解説

1. 成　　分 ── 無水硅酸

2. 肉眼的鑑別 ── 砂質頁岩中に横（故柳原明十氏は縦と云つて居られる）になつて挟介してゐる。一見樹枝状で木理が見られる。外側から漸次に年輪に沿ひて離れて落ちる。重くて堅くて打つ時は稍金属音に近い音がする。緻密質、硬度高きこと等で木質の石英（玉髄）化なることが知られる。黄褐色，白色，黒色等，太い（長さは問題でなきも）細いの別がある。太きは大木を思はせ，細きは外皮の剝落せるか或は又小木のそれなるべし。物に依りては粗鬆の樹皮をもつた木を思はせるものあり，樹種の判別つかざれども高等植物なるべし。外部を砂質物で被へるものも採集

3. 出來方 ── 地下に埋没された樹幹が硅酸をとかした地下水の作用をうけて全部がSiO_2（蛋白石）で置換交代され尚本來の木幹組織を残す。

4. 鉱物大別 ── 非金属鉱物

5. 出來た時代 ── 第三紀層（古）の時代

6. 分布区域 ── 狭い　寺洞部落の各所から出る。（四ヶ所程承知してゐる）

7. 採集可否注意 ── 可，少ない故注意願ひたい，保存致したい。

8. 用　　途 ── 標本として珍貴

III. 採集地案内 ── 寺洞部落奥，熊野神社裏の採掘場及其の附近の畑の中。「27. 玉髄」(49頁)の図を又64頁の図を参照のこと

39. 蛋　白　石

Ⅰ. 産　　地 ── 南設樂郡海老町棚山山頂
Ⅱ. 鑛物解説

1. 成　　分 ── 硅酸
2. 肉眼的鑑別 ── 乳白色．不透明．塊狀（鑛物が一定の結晶形を有せざる時塊狀と稱する）脂肪光澤（又は蠟光澤，更に又之を蛋白光澤）小さいケらも介殻狀斷口を示す。而して表面甚だ平滑である。（長い宙川の中を轉落せる結果なるべし）石英の含水物で（含水量一定せず）且塊狀．非結晶質のものを蛋白石と稱する。加熱すれば水分を出す筈である。薄片にするも光線を通さぬもの。
3. 出來た時代 ── 設樂第三紀層
4. 鑛物大別 ── 非金屬鑛物
5. 分布區域 ── 狹い。
6. 採集上注意 ── 川の床に轉石としてあり．注意して川の床を探求せられたし．
7. 用　　途 ── 標本として珍貴である．

Ⅲ. 採集地略圖

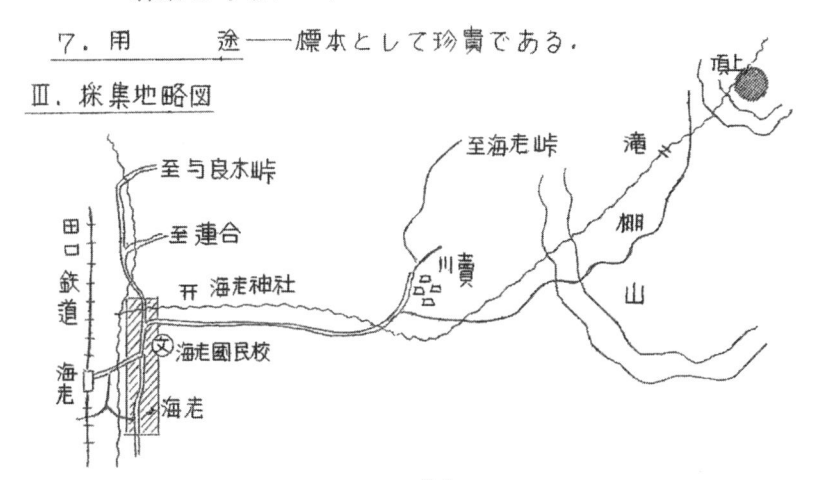

40. 石　炭

I. 産　　地──南設樂郡鳳來寺村大字門谷鳳來寺山

II. 鑛物解說

  1. 成　　分──炭素（C）

  2. 肉眼的鑑別──石炭としての外觀につきて觀察せられよ．又火に投じて見よ．必ず燃えるべし．

  3. 鑛物大別──非金屬鑛物

  4. 出來た時代──第三紀層

  5. 出來方──火山灰の下へ樹木が圧迫せられて地中で炭化作用が行はれて出來たものである。即鳳來寺山は何回も噴出を繰返して其の噴火は海中の時も海中でない時もあって之れを繰返して居る間に植物がこれ等の下に圧迫せられて炭化して出來た物である。

  6. 産　　額──極めて少量

  7. 学問的價值──鳳來寺山が何回か噴火を繰返したことの証となる意味に於て價值を認めるものである。

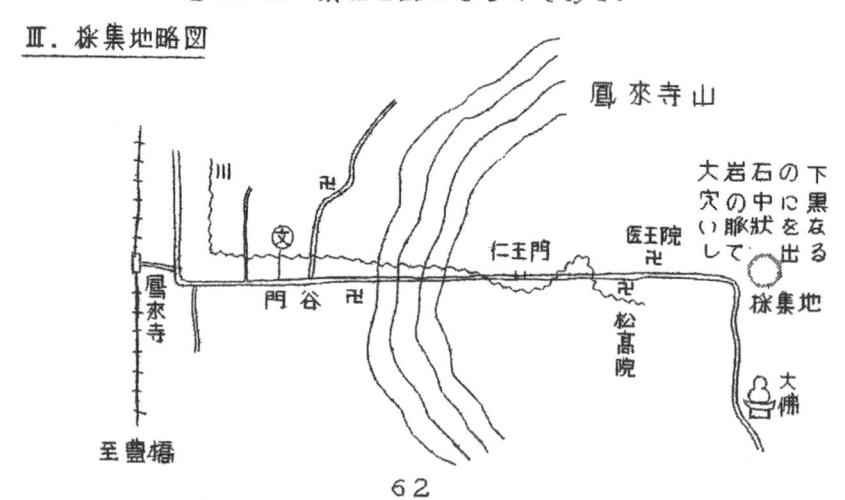

III. 採集地略図

41. 方鉛鉱．黄銅鉱．黄鉄鉱 の 集 合 物

Ⅰ. 産　　　地 ──── 八名郡七郷村睦平(むつだひら)の金山

Ⅱ. 鑛物解説

　1. 成　　　分 ──── 方鉛鑛黄銅鑛黄鉄鑛金の硫化物等

　2. 肉眼的鑑別 ──── 白く輝けるが方鉛鉱

　　　　　　　　　　黄色の物が黄銅鉱と黄鉄鑛

　　　　　　　　　　黒き部分がマンガン鉱と金との硫化物である.

　　　　　　　　　　含有鉱物の量は採掘に堪へぬ.

　3. 出来た時代 ──── 第三紀の時代．脈状岩（玢岩なるべし）にく

　　　　　　　　　　ひつきて出て来た物である。割れ目に沿つて出て来たもの

　　　　　　　　　　である。

　4. 鉱物大別 ──── 金属鉱物

　5. 分布区域 ──── 狹い．採集は現今の処出来る．採集に差支な

　　　　　　　　　　い。(昭和九年六月現在) 將来は出来ぬ様になるべし．

　6. 用　　　途 ──── 昔マンガンを採掘して販売したことがある．

Ⅲ. 採集地略図

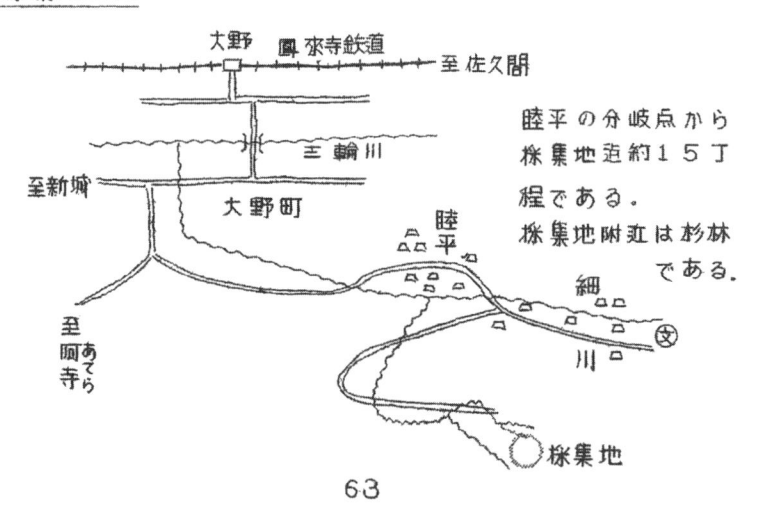

睦平の分岐点から
採集地迄約15丁
程である．
採集地附近は杉林
である．

63

42. 鐘乳石

I. 産　　地 —— 丹羽郡城東村善師野　熊野神社裏
　　　　　　　　　　　　　　　砂質頁岩の空隙中

II. 鉱物解説

　1. 成　　分 —— $CaCO_3$

　2. 肉眼的鑑別 —— 昭和十二年九月三十日に長さ約３cm元の周
　　　り約３cm程の極く小さいものではあったが鐘乳石を採集
　　　（採集者不明）乳房状で乳白色，半透明，結晶状，方解石
　　　の集合より成り，中央に小孔があった。それらよりして鐘
　　　乳石と判定す

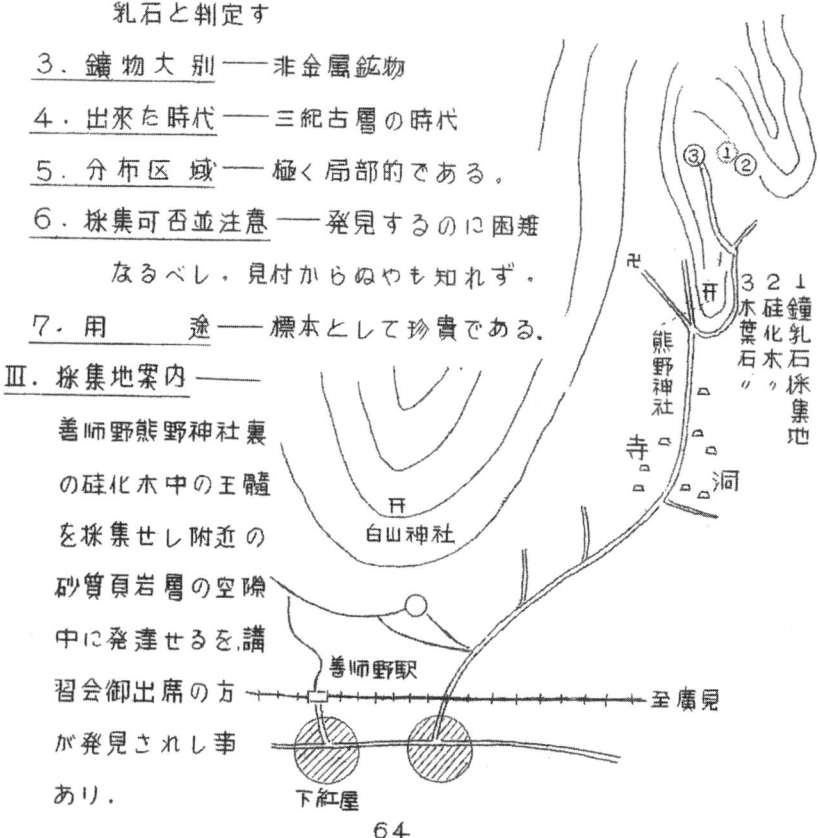

　3. 鉱物大別 —— 非金属鉱物

　4. 出来た時代 —— 三紀古層の時代

　5. 分布区域 —— 極く局部的である。

　6. 採集可否並注意 —— 発見するのに困難
　　　なるべし，見付からぬやも知れず，

　7. 用　　途 —— 標本として珍貴である。

III. 採集地案内 ——
　　善師野熊野神社裏
　　の硅化木中の玉髄
　　を採集せし附近の
　　砂質頁岩層の空隙
　　中に発達せるを講
　　習会御出席の方
　　が発見されし事
　　あり，

43. 碧　玉

I. 産　　地 —— 南設楽郡海老町棚山川売側杉林附近

II. 鑛物解説

　1. 成　　分 —— 硅酸

　2. 肉眼的鑑別 —— 介殻状断口，緻密質，濃緑色，流紋岩中の硅
　　　酸分が沁泌して岩石の空隙へ沈殿生成せる物である。

　3. 出來た時代 —— 設楽第三紀層

　4. 鉱物大別 —— 非金属鉱物

　5. 分布区域 —— 可成あり，道路上へ露出す，容易に採集出来
　　　る。

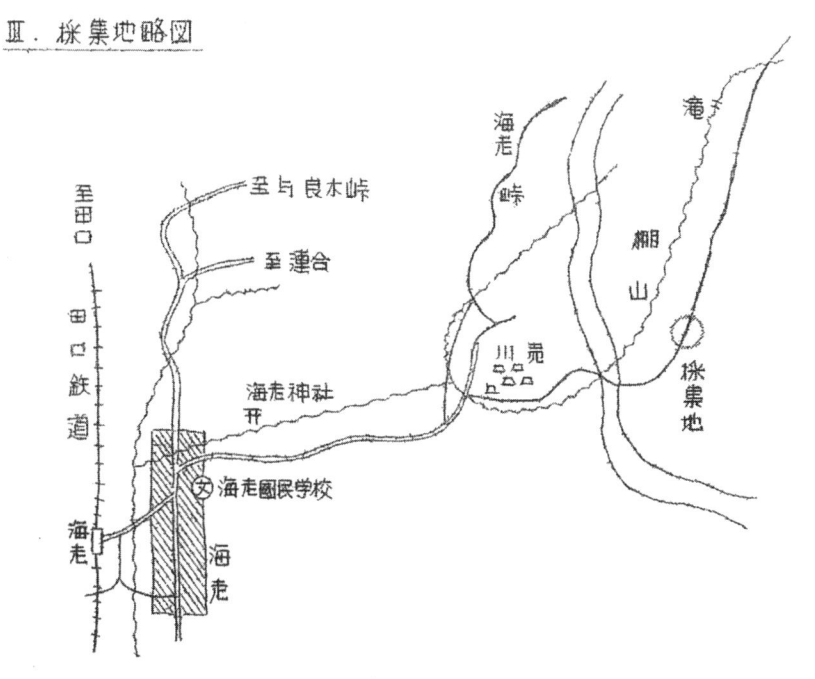

　6. 用　　途 —— 装身具（女として頭の道具，帯どめ。）
　　　　　　　　　（男としてカフスボタン等）

III. 採集地略図

44. 毒　砂

I. 産　　地 ── 北設楽郡振草村大字上粟代稲目鉱山

II. 鉱物解説

1. 成　　分 ── 砒素と鉄と硫黄との化合物
2. 肉眼的鑑別 ── 銀白色（新鮮なる時）灰色（空気に晒すと）
金属光沢あり、斜方晶形に属する。
熱する時は蒜(にら)に似た悪臭を発すれども嗅ぐことは大危険である。稲目鉱山に於て工夫が是れより銀（銀はないが）を採らんとして毒砂を沢山集めて熱灼して命をとられた事実がある。
3. 鉱物大別 ── 金属鉱物（砒を含有する鉱物）
4. 出來た時代 ── 第三紀の凝灰岩中に輝安鉱と共に成生す。
5. 用　　途 ── 砒を採る鉱物なれども其の量少く只結晶学研究上、尚又標本として価値を認む。

III. 採集地略図

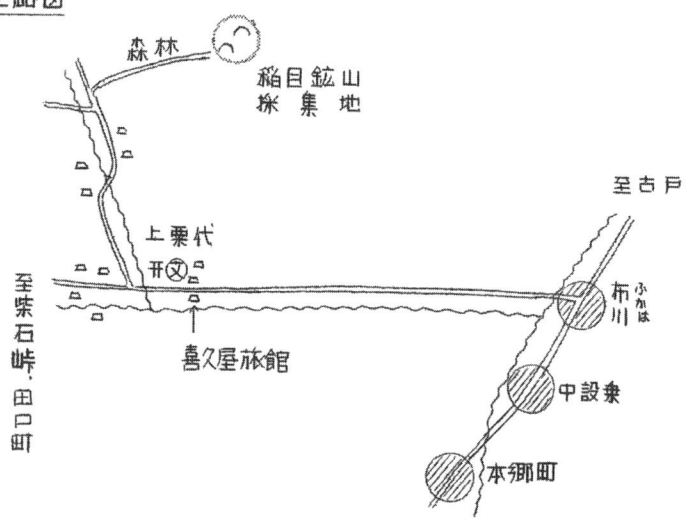

45. 方鉛鑛

I. 産　　地 ―― 北設樂郡下津具村大桑　津具金山株式會社
　　　　　　　　　　　　　　　　　　　　　　　　　採掘場
II. 鑛物解説

　1. 成　　分 ―― Pb（鉛）と S（硫黄）との化合物即 PbS
　　　　　　　　（硫化鉛）

　2. 肉眼的鑑別 ―― 鉛色，金屬光澤，劈開完全（頗る）
　　　　　　　　　硬度＝2.5　比重 7.3～7.6　條痕は灰黒色
　　其の結晶形は丁度豆腐を幾つか積み重ねたるが如き形（六
　　面体の結晶数多集合）

　3. 出　來　方 ―― 鑛脈鑛床

　4. 出來た時代 ―― 設樂第三紀層の時代

　5. 鑛物大別 ―― 金屬鑛物

　6. 分布區域 ―― 狹し

　7. 採集可否並注意 ―― 許可をうけ
　　　　　　　　　　　られた(い)。

　8. 日本の産地
　　　　岐阜縣神岡鑛山
　　　　宮城縣細倉鑛山
　　　　秋田縣太良（だいら）鑛山

　9. 用　　途
　　　　鉛をとり鉛として鉛管
　　　　鉛板、合金等

III. 採集地略圖
　　　田口町より伊奈街道を北進する
　　　こと2里半にして達する。

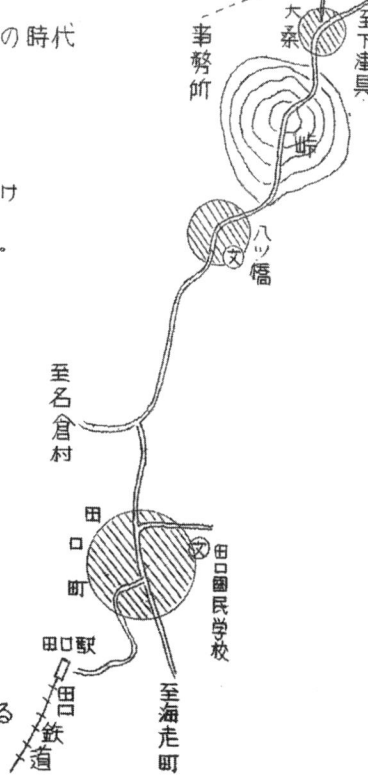

46. 辰 砂

I. 産　　地 ── 北設楽郡下津具村大桑津具金山株式会社採掘場

II. 鉱物解説

　1. 成　　分 ── Hg（水銀）とS（硫黄）之等が化合して HgS（硫化水銀）として産出する。

　2. 肉眼的鑑別 ── 粒状又は殻皮状として産する。時に結晶形。
　　　色は血赤色（不純物に依りて褐，黒，灰等）
　　　光沢鈍し。（金剛光沢）
　　　比重の大きいのが特徴である。

　3. 出 来 方 ── 第三紀の凝灰岩中に脈状をなして迸入。所謂鉱脈鉱床をなす。

　4. 出来た時代 ── 設楽第三紀層の時代

　5. 鉱物大別 ── 金属鉱物

　6. 分布区域 ── 狭し　且つ此の辰砂は極少量

　7. 採集可否並注意 ── 許可をうけること。

　8. 日本の産地 ── 徳島縣　奈良縣宇陀郡大和水銀鉱山　北海道様似(しやまに)鉱山

　9. 用　　途 ── 鏡、朱、Hg の製錬　理化学用

III. 採集地案内

　　田口町より津具村方面へ北進すること約2里半にして峠の頂上に位置する大桑採集地に到達し得られる
　　「45.方鉛鉱」採集地と同一場所につき（63頁）の図を参照されたい。

47. 石　炭

I. 産　　地 ── 南設楽郡海老町大字川売（かうれ）

II. 鉱物解説

　1. 成分　主 ── 炭素

　　　　　　副 ── 土砂（比較的沢山に含有してゐる）

　2. 肉眼的鑑別　　悪い、下等品である。之れ即ち燃える部分が消失して（理由，其の附近高熱であったが故である）之れにかはるに無機分（土砂）が混入せるが故である。換言すれば有機分が無機分に置換された結果である。燃えぬ。

　3. 出　來　方　　其の時代の木が灰の下になって充分に炭化作用が行はれなかった物である。周囲の岩石は凝灰岩である。

　4. 出來た時代 ── 非金属鉱物

　5. 分布区域 ── 狹いが長い脈をなして産出する。

　6. 採集可否並注意 ── ノミ其他で炭坑内で採集出來るも坑外に以前採掘せる大塊が轉在する。

　7. 用　　途 ── 以前豊橋方面へ採掘販売せるも今日では売れぬ為め中止す。

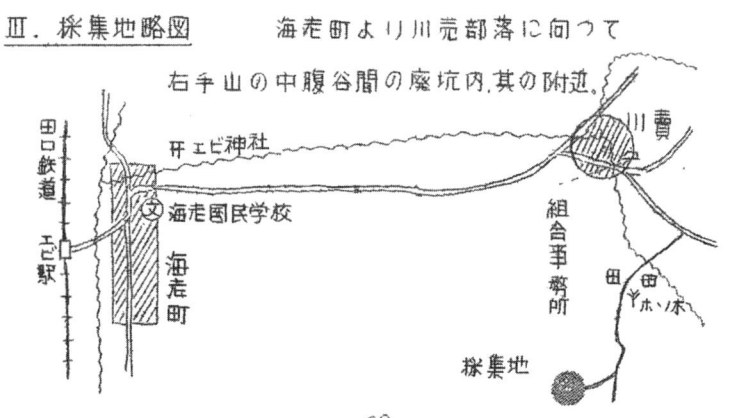

III. 採集地略図　　海老町より川売部落に向つて右手山の中腹谷間の廃坑内，其の附近。

48. 閃亜鉛鑛

Ⅰ. 産　　地 ── 北設楽郡下津具村大桑　津具金山株式会社
　　　　　　　　　　　　　　　　　　　　　　　　採掘場

Ⅱ. 鉱物解説

　1. 成　　分 ── Zn（亜鉛）と S（硫黄）之らが化合して
　　　ZnS（硫化亜鉛）

　2. 肉眼的鑑別 ── 褐色又は黒色に近い色　金剛光沢がある。
　　　不明透明（又は亜透明）亜透明とは光は透かすが、物質は
　　　見分け難い。　　硬度 3.5 − 4　　比重 3.9 − 4.1
　　　條痕　黄乃至白色　　脆い。

　3. 出　來　方 ── 鉱脈鉱床　第三紀の凝灰
　　　岩中に脈状をなして他の鉱物と共に迸
　　　入して鉱床を成す。

　4. 出來た時代 ── 設楽第三紀層の時代

　5. 鉱物大別 ── 金属鉱物

　6. 分布区域 ── 狭い。閃亜鉛鉱として
　　　少量挟在

　7. 採集可否並注意 ── 許可を受く
　　　る必要がある。

　8. 日本の産地 ── 岐阜縣神岡鉱山
　　　秋田縣太良（ダイラ）鉱山

　9. 用　　途 ── 沢山産出の時は
　　　Zn を採る。又ラヂオの検波
　　　器として利用せられる。

Ⅲ. 採集地略図 ── 田口町より
　街道を北進すること約二里半にして鉱山に達する事が出来る。

岩　石　篇

49. 領　家　片　麻　岩

Ⅰ. 産　　地　——　北設楽郡段嶺村田峰　寒狭川の川原

Ⅱ. 岩石解説

   1. 成　　分　——　石英（多し）正長石　黒雲母

   2. 肉眼的鑑別　——　縞状をなす。（黒い雲母と白い石英とが各々別々に層をなして排列してゐるが故に縞状をなす）光沢ある（玻璃光沢）は主として石英である。

         層状の構造が認めらる。

   3. 化学的岩石大別　——　酸性岩

   4. 出來た時代　——　太古代の片麻岩系の時代

   5. 岩石大別　——　変成岩

   6. 分布區域　——　廣い、採集容易である。

   7. 採集可否及注意　——　河床の転石故何れの大きさの物でも容易に採集出來る。

   8. 生成する土壌　——　壌土

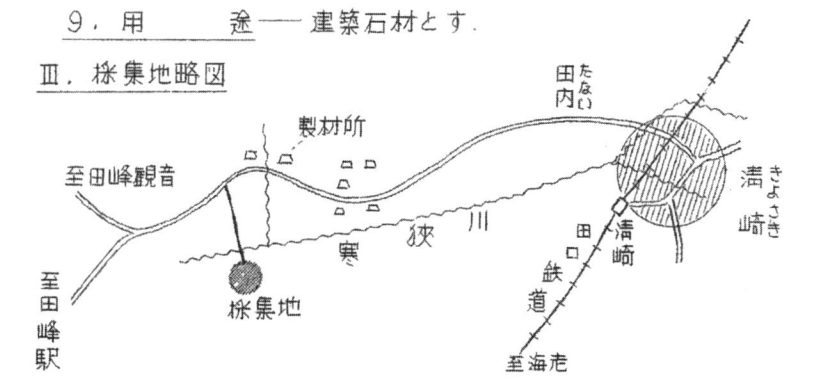

   9. 用　　途　——　建築石材とす.

Ⅲ. 採集地略図

50. 領家(りゃうけ)片麻岩

Ⅰ. 産　　地 ──── 額田郡本宿村鉢地坂峠頂上

Ⅱ. 岩石解説

　1. 成　　分 ──── 黒雲母．正長石．石英

　2. 肉眼的鑑別 ──── 石英大部分を占む．黒雲母は微粒で，正長石は顕微鏡的である．石英の有する光沢に注意のこと．電気石の巨大な美事な結晶を含有する．

　3. 化学的岩石大別 ──── 酸性岩

　4. 出來た時代 ──── 太古代の片麻岩系の時代

　5. 岩石大別 ──── 変成岩

　6. 分布区域 ──── 廣い

　7. 採集可否及注意 ──── 容易である．トンネル開鑿の結果掘り出されたる本岩石が沢山堆積されてゐる．

　8. 生成する土壌 ──── 砂質壌土

　9. 用　　途 ──── 石垣・港湾建設用の捨石

Ⅲ. 採集地略図

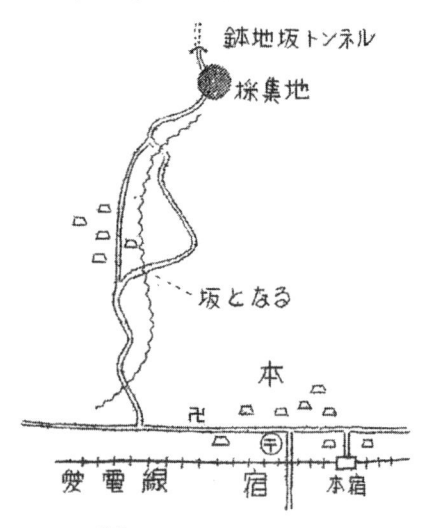

51. 領家片麻岩（石英多量の部）

Ⅰ. 産　　　地 ── 宝飯郡一宮村上長山本宮山表参道馬背岩

Ⅱ. 岩石解説

1. 成　　分 ── 領家片麻岩の内石英多量の物である。

2. 肉眼的鑑別 ── 本岩石の成分の配合は常に一様でない。此の標本は特に石英多量である。雲母多量の時もある。此の標本は特に石英多量の部分を示す。石英の光沢と、脆けれども硬度は高い。特に注意すべきは花崗岩等の石英の光沢に比して硝子光沢が強いことである。

3. 化学的岩石大別 ── 酸性岩

4. 出来た時代 ── 太古代の片麻岩系に属する。

5. 岩石大別 ── 変成岩

6. 分布区域 ── 狭い。（露出する部分は）

7. 採集可否及注意 ── 採集容易であるも、路上に露出して居る故に採集し過ぎる時は道を破壊することになる故注意

8. 生成する土壌 ── 砂土

9. 用　　途 ── なし

Ⅲ. 採集地略図

長山駅より本宮山表参道を登る時は坂の中途で馬の脊岩の険を越すべし。此処で採集す。路面又は両側にくづれた物堆積す。

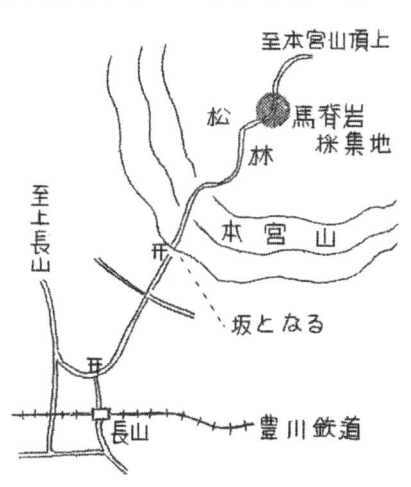

52. 領家片麻岩

Ⅰ. 産　　地 —— 南設楽郡千郷村（ちさと）　大洞山寺院附近（おほぼら）

Ⅱ. 岩石解説

1. 含　　分 —— 石英、正長石、黒雲母、少量の斜長石
2. 肉眼的鑑別 —— 層理完全なり。含分の消長及び組織の相違にて部分により、其の外貌を異にする。黝色乃至黝灰色にして、縞状組織を爲す。比較的硬けれども脆弱なり
3. 化学的岩石大別 —— 酸性岩
4. 出來た時代 —— 太古代の片麻岩系
5. 岩石大別 —— 変成岩
6. 生成する土壌 —— 領家片麻岩質壌土
7. 用　　途 —— 石垣、其他雑用（鉄道用石材）

Ⅲ. 採集地略図

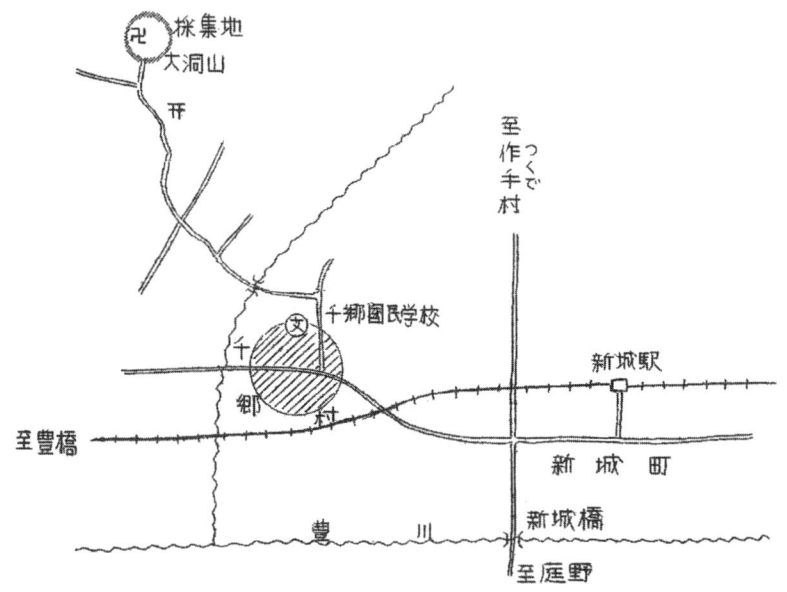

53. 領家片麻岩

I. 産　　地　——　宝飯郡一宮村上長山　本宮山本宮社前

II. 岩石解說

1. 合　　分　——　石英、正長石　黑雲母
2. 肉眼的鑑別　——　石英、正長石、の如き粒狀鑛物と片狀を示す雲母とは交互に配列して縞狀を呈する
3. 化学的岩石大別　——　酸性岩
4. 出來た時代　——　太古代の片麻岩系の時代
5. 岩石大別　——　變成岩
6. 分布区域　——　廣い
7. 採集可否及注意　——　本宮社前の石の階段附近に轉石として多少あり。鉄槌を當てゝ採集するのは神様に恐れ多い。
8. 生成する土壤　——　領家片麻岩質壤土
9. 用　　途　——　石材とする

III. 採集地略図

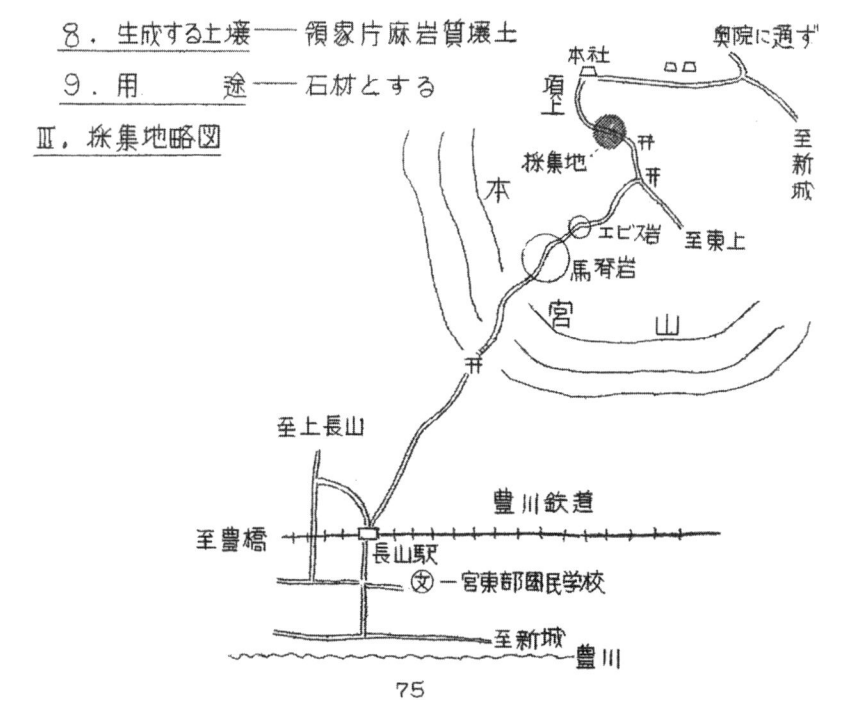

54. 結晶質石灰岩

Ⅰ. 産　　地——北設楽郡振草村大字古戸字三又
　　　　　　　　　　　　　　　　ふつと　みつまた

Ⅱ. 岩石解説

　1. 合　　分——方解石

　2. 肉眼的鑑別——方解石の鑑定に依りてする。即、各粒方解石の性質を完全に現はして居る。方解石につきては各自敎科書に依って研究せられたい。

　3. 化学的岩石大別——中性岩

　4. 出來た時代——片麻岩系の時代に出來た。成因は片麻岩の割れ目に熱灼せられた炭酸石灰が沈積して出來たのである。熱せられたものが徐々に冷却せられて持前の性質即ち結晶質を現はして出來たものである。

　5. 岩石大別——変成岩

　6. 生成する土壌——中性の土壌となる。

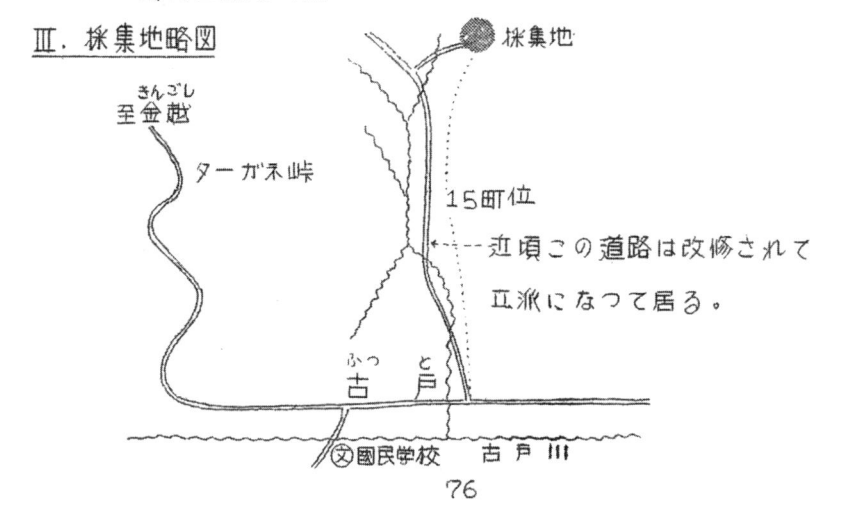

　7. 用　　途——量の多少で決定せられる。装飾用、石灰製造用又盆画用其他

Ⅲ. 採集地略図

採集地
至金越（きんごし）
ターガネ峠
15町位
←近頃この道路は改修されて立派になつて居る。
古戸（ふっと）
文 國民学校　古戸川

55. 眼球狀片麻岩

Ⅰ. 産　　地 —— 宝飯郡一宮村東上　牛ノ滝附近

Ⅱ. 岩石解說

1. 合　　分 —— 正長石，石英，黒雲母，少量の斜長石
2. 肉眼的鑑別 —— 円味を帶びたる大なる結晶が斑紋をなし石英及び雲母片が其の周囲をとり巻いてゐる。

    硬度比較的高く鉄槌にて打つもなかなかだき難()。多少片狀に剝れる傾向がある。色は比較的濃い綠黒色で且つ重い。

3. 化学的岩石大別 —— 酸性岩
4. 出來た時代 —— 太古代の片麻岩系
5. 岩石大別 —— 変成岩
6. 分布区域 —— 牛の滝を中心にしてその附近に小区域
7. 採集の可否 —— 可
8. 生成する土壤 —— 壤土
9. 用　　途 —— 雜用

Ⅲ. 採集地略図

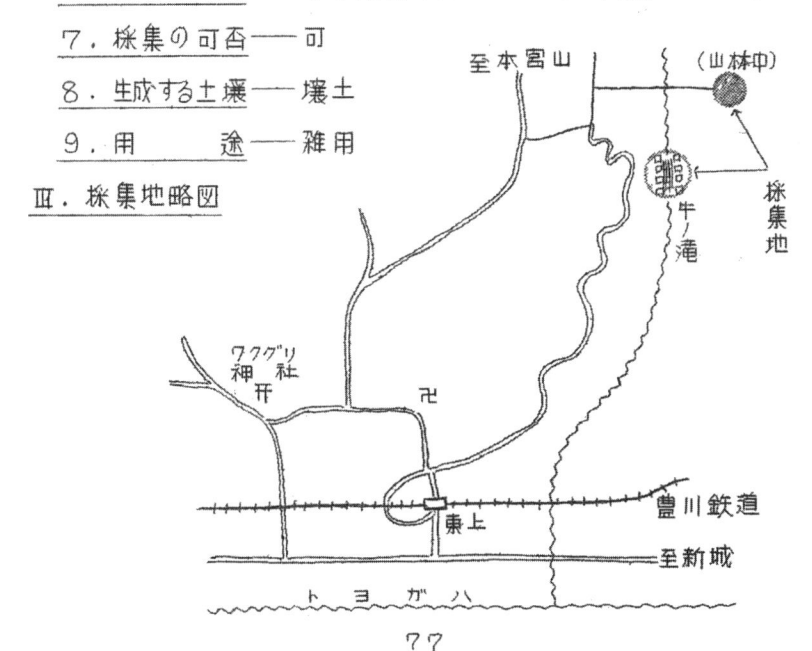

56. 鹿塩片麻岩（又は角閃片麻岩）

I. 産　　地 ── 静岡縣磐田郡浦川町出馬より吉澤附近

II. 岩石解説

　1. 合　　分 ── 石英、正長石、角閃石（青い部分は即ちこれである。

　2. 肉眼的鑑別 ── 淡緑色、斑点状にして稍々片状の岩石である。幾分白い斑点状（之れ即ち正長石である）をなして居る。硬さは硬き方であるが、重さは普通である。

　3. 化学的岩石大別 ── 中性岩に近い酸性岩である。

　4. 岩石大別 ── 変成岩

　5. 出來た時代 ── 片麻岩系の時代（太古代）

　6. 生成する土壌 ── 鹿塩片麻岩質壌土

　7. 用　　途 ── 石垣位の物、其他には無し。

III. 採集地略図

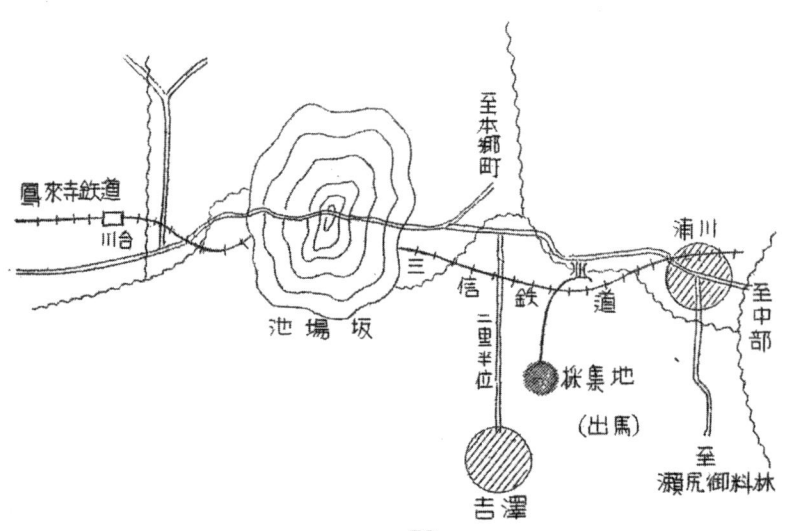

57. 雲母片岩

I. 産　　地 ── 宝飯郡一宮村上長山本宮山本宮社前

II. 岩石解説

　1. 合　　分 ── 黒雲母　正長石　石英の少量

　2. 肉眼的鑑別 ── セクションにして見るときは正長石は小さい豆状で混在する。片状、黒雲母の眞珠光沢を認のられる。領家片麻岩の内特に雲母の多い物が即ち之れである。

　3. 化学的岩石大別 ── 酸性岩

　4. 出來た時代 ── 太古代の片麻岩系

　5. 岩石大別 ── 変成岩

　6. 分布区域 ── 廣い。(頂上に限られてをる)

　7. 採集可否及注意 ── 神社前につき採集はさしひかへる方が可であるまいか。轉石を拾ふ程度ならば神様に不敬にもなるまいと信ずる。

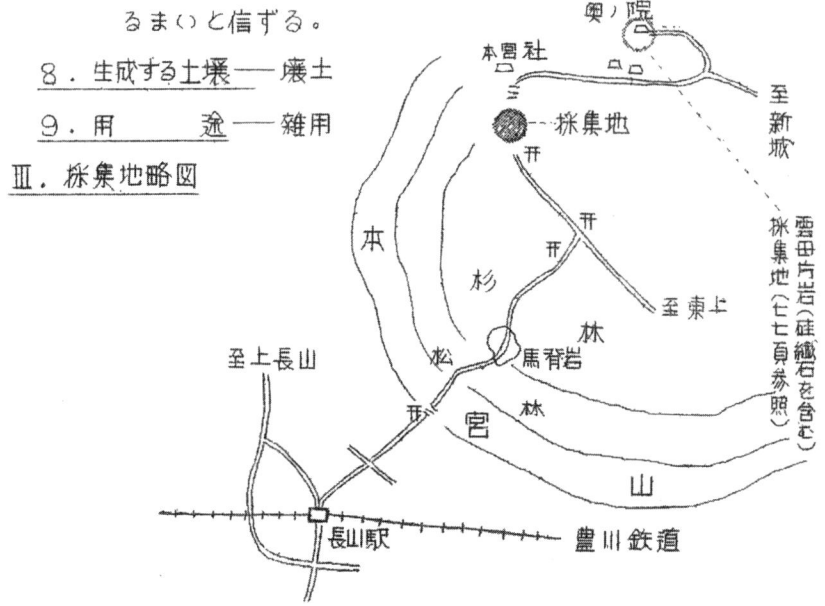

　8. 生成する土壌 ── 壌土

　9. 用　　途 ── 雑用

III. 採集地略図

58. 雲母片岩

Ⅰ. 産　　地 —— 南設楽郡海老町海老　田口鉄道海老田峰間
　　　　　　　　　　　　　　　　　　　　　　トンネル内
Ⅱ. 岩石解説

　1. 合　　分 —— 黒雲母（最多量）石英と正長石とは少量
　2. 肉眼的鑑別 —— 層狀, 重(い), 粘(い), 黒(い), 雲母の光沢即ち
　　　一種の金属様光沢を有する. 黒雲母多きは雲母の出来るに
　　　好状況にあつた故なるべし.
　3. 化学的岩石大別 —— 酸性岩に近き酸性岩である.
　4. 出来た時代 —— 太古代の片麻岩系
　5. 岩石大別 —— 変成岩
　6. 分布区域 —— 不明（採掘堆積せられてゐる物は比較的多量）
　7. 採集の可否及注意 —— 堆積されて居る故容易である.（今日
　　　では大分に風化してをる）
　8. 生成する土壌 —— 雲母片岩質壌土
　9. 用　　途 —— 石垣, 路面への敷石　其他雑用

Ⅲ. 採集地略図

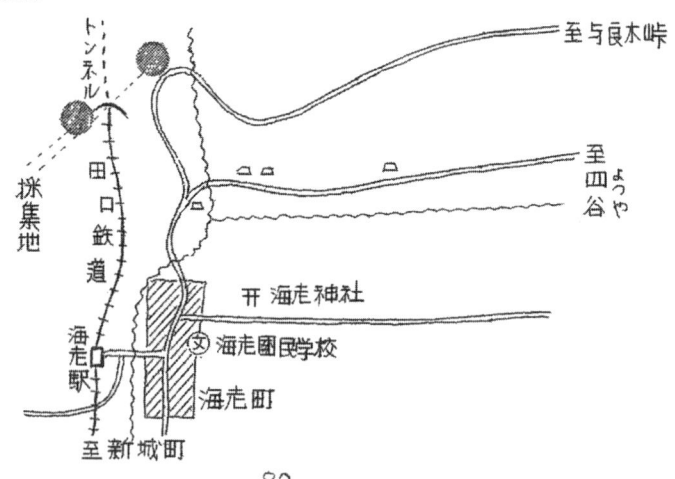

59. 雲母片岩　(硅繊石を含む)

I. 産　　地 ── 宝飯郡一宮村上長山本宮山奥ノ院附近

II. 岩石解説

1. 合　　分 ── 黒雲母, 正長石, 少量の石英
   副成分として硅繊石

2. 肉眼的鑑別 ── 雲母片岩として ── 層状で雲母多量と同時に
   ヒキダの番中の如き粒状物を附着する。此れは何であるか
   硅繊石である。

   明治三十一年神保小虎先生に依つて発見せられたもので,
   乳白色の小結晶で且つ接触鉱物（花崗岩との接触の結果で
   ある。）である。

3. 化学的岩石大別 ── 酸性岩

4. 出來た時代 ── 太古代の片麻岩系の時代

5. 岩石大別 ── 変成岩

6. 分布区域 ── 狭( ), 領家片麻岩が厚くて其の間へ雲母片岩
   がはさまつてゐる。頂上へ登るにつれて次第に領家片麻岩
   少くなりて雲母片岩が多くなる。（本宮山の出來方）

7. 採集可否及注意 ── 困難である。或は全く出來ぬ。轉石とし
   てある。

8. 生成する土壌 ── 壌土

9. 用　　途 ── 硅繊石は瀬戸物を堅くする力がある。

III. 採集地略図
   75頁の略図参照

60. 石墨片岩

I. 産　　地── 八名郡舟着村大字乗本字保木平　深沢橋附近

II. 岩石解説

　1. 合　　分── 石英　正長石　石墨

　2. 肉眼的鑑別── 黒色、油脂光沢、脂感あり、指に黒色につく
　　　即ち軟で片状である。但し成分中の石英沢山の時は石英の
　　　塊状の所に石墨がついて塊状に見える。又石英と石墨との
　　　薄い層をなして居ることもある。

　3. 化学的岩石大別── 中性岩若しくは酸性岩

　4. 出來た時代── 太古代の結晶片岩系

　5. 岩石大別── 変成岩

　6. 生成する土壤── 比較的中性の土壤（壤土と埴土との中間）が
　　　出來るが、石墨片岩のみが風化して土壤の出來ることは少
　　　ない。即ちこの岩石のみの地層が少ないからである。

　7. 用　　途── 壁に塗り込み黒色の壁とする。其他雑用

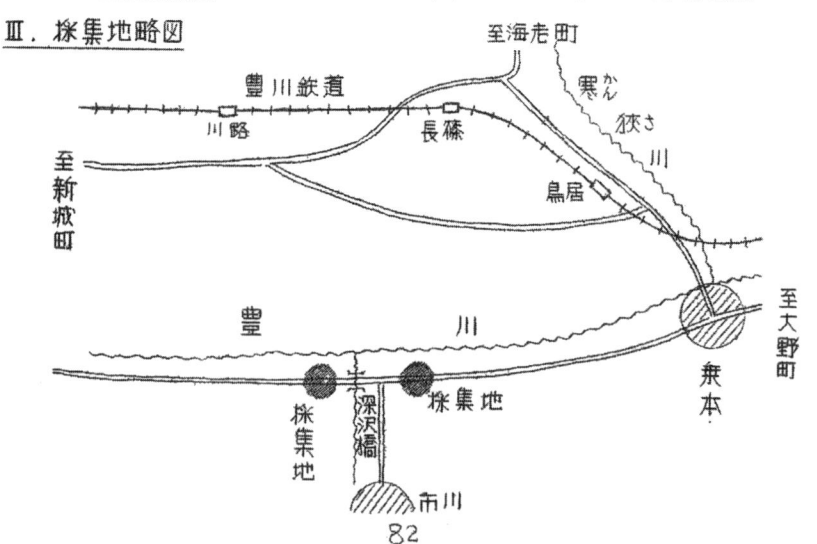

III. 採集地略図

61. 石 墨 片 岩

Ⅰ. 産　　地────八名郡山吉田村大字下吉田字阿寺七瀧橋附近

Ⅱ. 岩石解説

1. 合　　分──石墨, 石英を含むこと多し．
2. 肉眼的鑑別──石墨片岩には時に少々なれども滑面にあらざる 滑面らしき物を有する．

　本標本には多少綠泥石（綠色）等を含有して居る故に少しく綠色を呈する．多少風化してをる故に純黒の所が見えぬ．

3. 化学的岩石大別──酸性岩
4. 出來た時代──結晶片岩層の時代
5. 岩石大別──變成岩
6. 分布区域──比較的広い区域にまたがってゐる．
7. 採集可否及注意──可　多少風化してゐる．
8. 生成する土壌──風化して壤土を構成する．

Ⅲ. 採集地略図

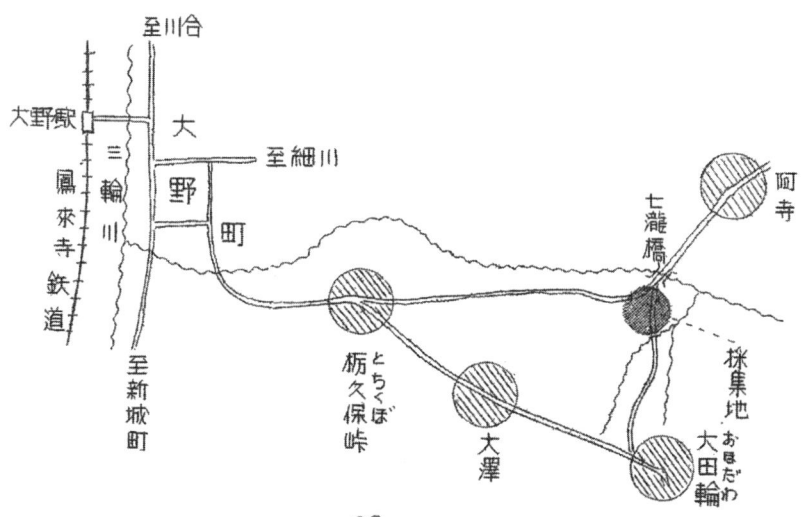

62. 石墨片岩

Ⅰ. 産　　地 ── 八名郡舟着村大字吉川　吉川國民学校附近

Ⅱ. 岩石解説

1. 合　　分 ── 石墨　石英　正長石
2. 肉眼的鑑別 ── 黒色（石墨の色）で片状、油脂光沢がある。軟かで指に黒色につく。本標本は少しく風化しかけてをる。斯る物は葉片状に崩解する。鉄槌を當てる時はボロボロに剥れ、又は片状にうすく剥れ易い。
3. 化学的岩石大別 ── 中性岩（又は石英多き時は酸性岩）
4. 出來た時代 ── 太古代の結晶片岩層の時代
5. 岩石大別 ── 変成岩
6. 分布区域 ── 狹い（露出してをる部分）
7. 採集可否及注意 ── 道路開さくされし爲め道の兩側に露出あり、比較的容易に採集出來る。剥れ易く且多少風化してをる故新鮮の物を採集すること。
8. 生成する土壌 ── 比較的中性の土壌が出來る。即ち壤土と埴土との中間の土壤が出來る。

Ⅲ. 採集地略図

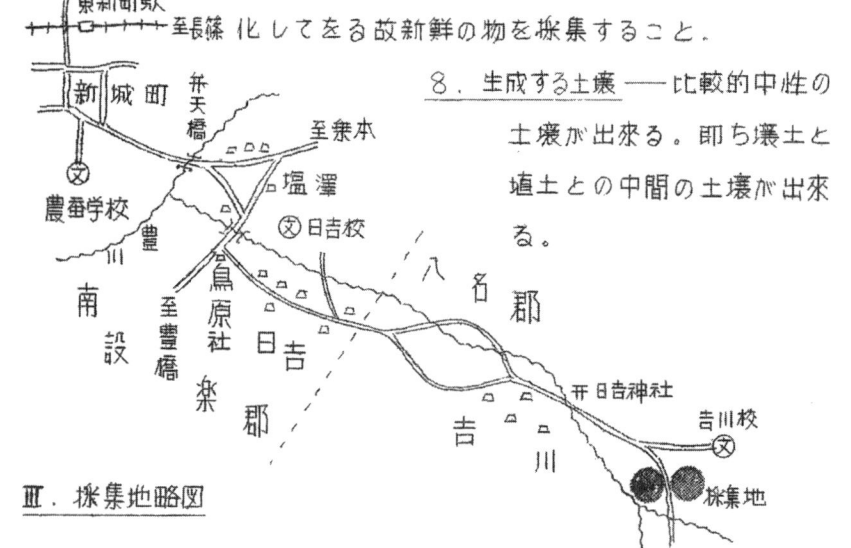

63. 緑泥片岩

Ⅰ. 産　地 —— 八名郡舟着村大字乗本字保木平　深澤橋側

Ⅱ. 岩石解説

1. 成　分 —— 石英、正長石、緑泥石、時に黄鉄鑛を含有す。
2. 肉眼的鑑別 —— 主成分が稍々等分であるから稍々均一した淡緑色然も片状理完全であるから他の水成岩等と区別することが容易である。
3. 化学的岩石大別 —— 中性岩
4. 出來た時代 —— 太古代の結晶片岩系
5. 岩石大別 —— 変成岩
6. 生成する土壌 —— 壌土
7. 用　途 —— 種々の雑用に供する

Ⅲ. 採集地略図

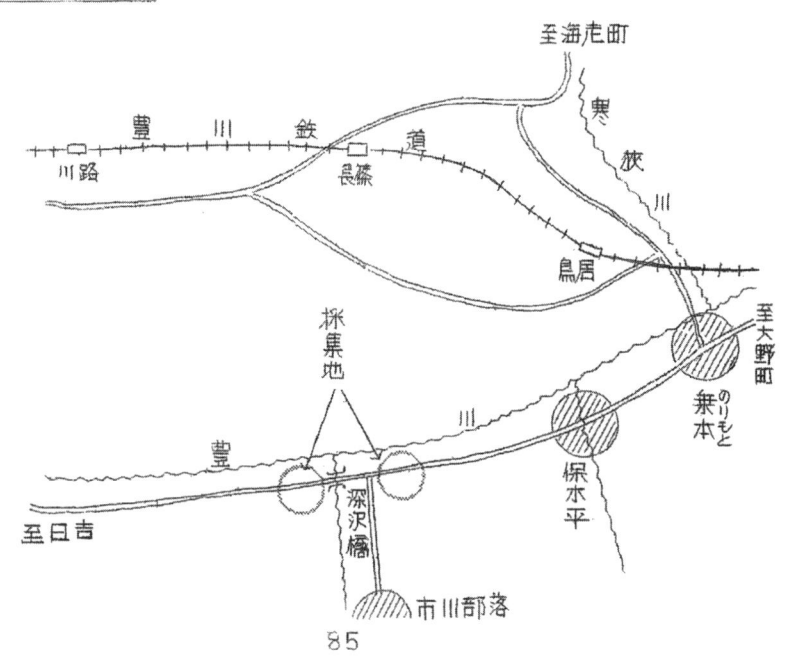

64. 緑 泥 片 岩

I. 産　　地 ── 八名郡山吉田村大字下吉田字阿寺七滝橋附近

II. 岩石解説

1. 合　　分 ── 緑泥石　石英　正長石

   副成分 ─ 黄鉄鉱

2. 肉眼的鑑別 ── 緑色片状　白き線は石英である。而して本標本を見る時白線に沿ひて黄白色、金属光澤のある鉱物は即ち黄鉄鉱である。結晶質、比較的重(い)。

3. 化学的岩石大別 ── 中性岩

4. 出來た時代 ── 太古代の結晶片岩系

5. 岩石大別 ── 変成岩

6. 分布区域 ── 比較的広い面積に及んでゐる。

7. 採集可否及注意 ── 可、道路のすぐ側に露出がある。

8. 生成する土壌 ── 壌土

9. 用　　途 ── 雑用（比較的新鮮である故利用し得らる）

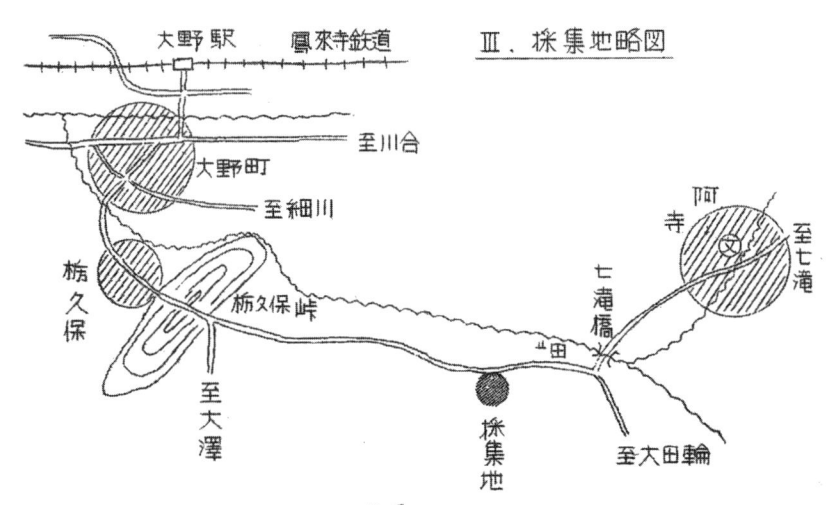

III. 採集地略図

65. 緑 泥 片 岩

Ⅰ. 産　　　地 ── 八名郡八名村八名井　宇利川新橋附近
Ⅱ. 岩石解説
　1. 合　　　分 ── 石英, 正長石, 緑泥石, 時に黄鉄鉱
　2. 肉眼的鑑別 ── 深沢橋附近の夫れとは少しく, 趣を異にし, 緑色の部分が半透明の様な感じがする。白き部分は石英比較的多量に含有する。全体緑色, 黄白色で金属光澤を有する小結晶物は黄鉄鉱である。比較的重い。
　3. 化学的岩石大別 ── 中性岩
　4. 出來た時代 ── 太古代の結晶片岩系
　5. 岩石大別 ── 変成岩
　6. 分布区域 ── 狭い。
　7. 採集可否及注意 ── 道路修繕中にて澤山堀出されて附近に轉石としてある。採集容易である。
　8. 生成する土壌 ── 壌土
　9. 用　　　途 ── 石垣其他
Ⅲ. 採集地略図

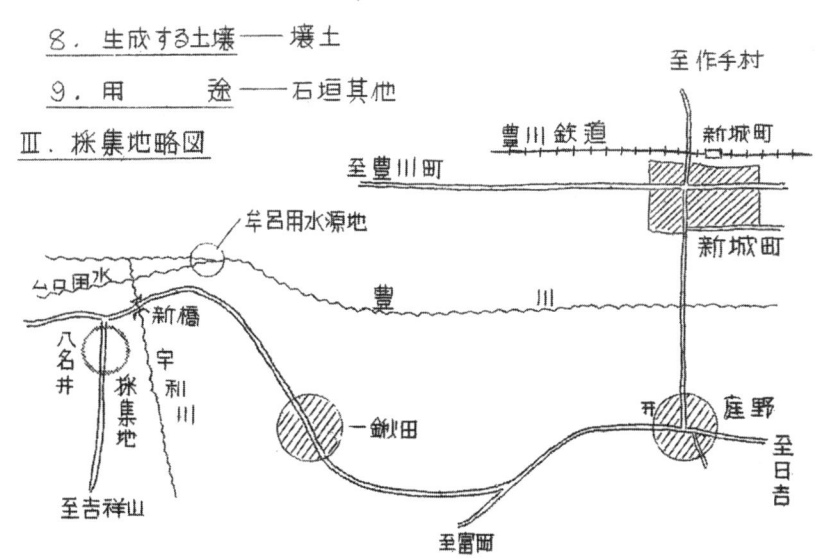

66. 角閃片岩

I. 産　　地——八名郡山吉田村大字阿寺　阿寺川沿岸

II. 岩石解説

　1. 合　　分——主成分　角閃石
　　　　　　——副成分　緑泥石，緑簾石，藍閃石

　2. 肉眼的鑑別——暗緑色にして，劈性完全　元来本岩石は秩父古成層を形成する物なれども此の地方に於ては結晶片岩と互層の形にありて其の上下を区別し易すからず，従つて緑泥片岩の如き緑色の片岩類に極似し肉眼にては容易に区別し得ざるものである。

　3. 化学的岩石大別——基性岩

　4. 出來た時代——本来ならば秩父古生層時代とすべきであるが此の産地に於ては太古代の結晶片岩層中のものとするを可とす。

　5. 岩石大別——変成岩

　6. 分布区域——狭い。

　7. 採集可否——可

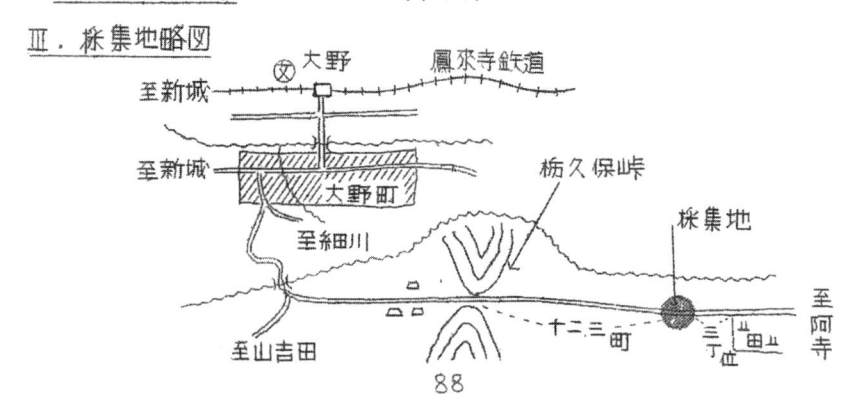

　8. 生成する土壌——角閃片岩質壌質埴土

III. 採集地略図

67. 石英片岩

Ⅰ. 産　　地────八名郡舟着村大字吉川　國民学校附近
Ⅱ. 岩石解説
　1. 成　　分──主──石英
　　　　　　　──副──緑泥石或は角閃石を含有するなるべし
　2. 肉眼的鑑別──片状理であること。硬度高きこと。燧石(ヒウチ石)又は角岩(石英より成れるもの)に特有なる光沢を有すること。色は緑色半透明の部分と黒色の部分とがある一見牛の角の感じがある。現地に於て其の産出の場所即ち他岩との関係を研究せられたい。
　3. 化学的岩石大別──酸性岩
　4. 出来た時代──太古代の結晶片岩層の時代
　5. 岩石大別──変成岩
　6. 分布区域──廣くない(廣くないのが常である)
　7. 採集可否及注意──比較的採集容易である。
　8. 生成する土壌──砂土(分布区域が広くないから其の生成せられる土壌は明ならずも若し出来たとすれば砂土)
　9. 用　　途──雑用

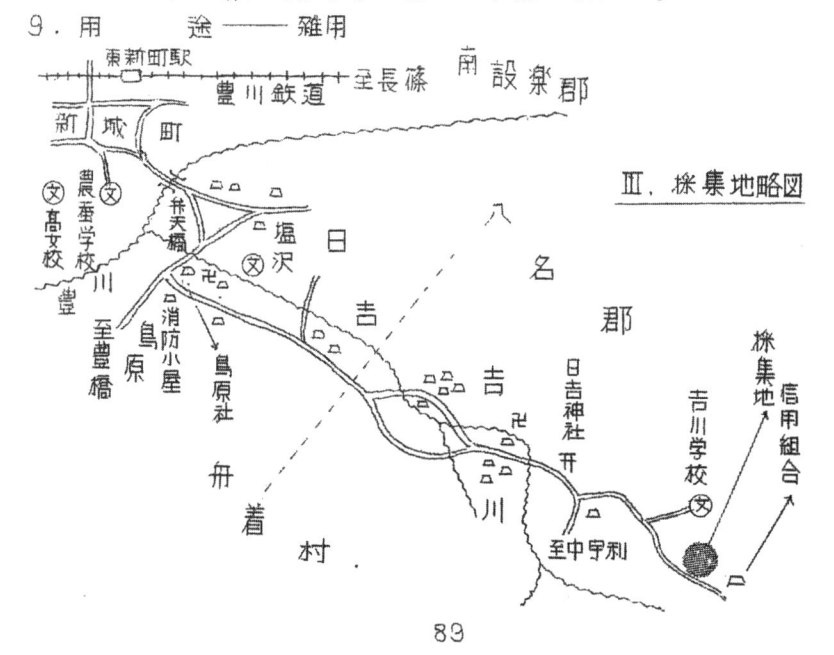

Ⅲ. 採集地略図

68. 緑泥緑簾片岩

I. 産　　地 ── 八名郡大野町栃久保峠切割

II. 岩石解説

1. 成　　分 ── 主 ── 緑泥石、緑簾石、正長石　少量の石英
　　　　　　　── 副 ── 方解石

2. 肉眼的鑑別 ── 緑泥片岩によく類似して居る。緑色で、片状絹糸光沢を帯んで居る。

3. 化学的岩石大別 ── 中性岩

4. 出來た時代 ── 結晶片岩層の時代

5. 岩石大別 ── 変成岩

6. 分布区域 ── 狭し

7. 採集可否及注意 ── 可、道路が改修されて間がないから採集の好時期である。

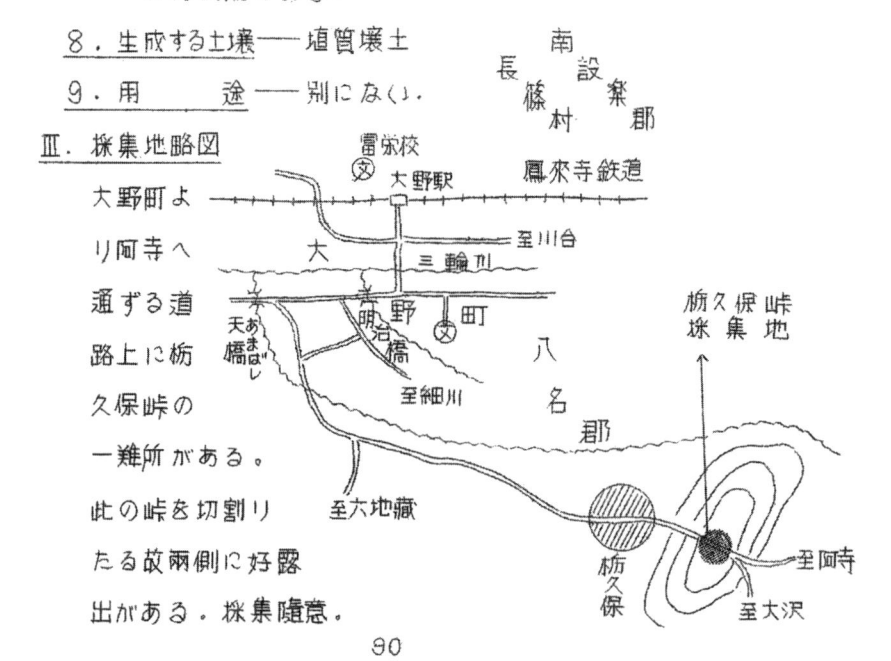

8. 生成する土壌 ── 埴質壌土

9. 用　　途 ── 別にない。

III. 採集地略図

大野町より阿寺へ通ずる道路上に栃久保峠の一難所がある。此の峠を切割りたる故兩側に好露出がある。採集隨意。

69. 紅簾片岩

Ⅰ. 産　　地 —— 靜岡縣磐田郡瀬尻村瀬尻御料林内
　　　　　　　　　　　　　　　　　　タラタラ区入口
Ⅱ. 岩石解説

1. 合　　分 —— 石英, 正長石. 中に紅簾石の入りて居るもの
　　合分量一定せず

2. 肉眼的鑑別 —— 紅紫色が特徴である。(本邦では特に紫石と呼
　　んでゐるところもある) 雲母の入つてゐることもある。こ
　　の雲母は白雲母である。紅簾石の沢山入つてゐる時には紅
　　紫色の塊状岩らしく見えるが, 紅簾石の排列, 顕微鏡的に
　　は平行に見える

3. 化学的岩石大別 —— 酸性岩

4. 出來た時代 —— 太古代(中部三波川層と下部三波川層との中間)

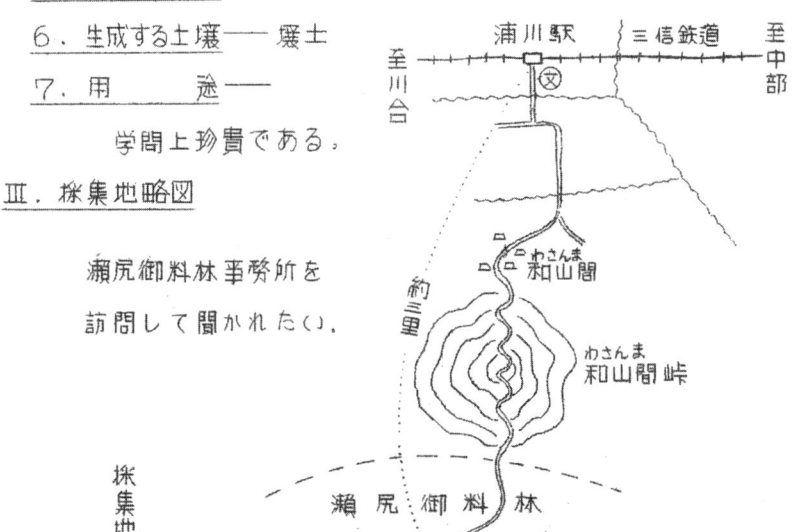

5. 岩石大別 —— 変成岩

6. 生成する土壌 —— 礫土

7. 用　　途 ——
　　学問上珍貴である。

Ⅲ. 採集地略図

瀬尻御料林事務所を
訪問して聞かれたい。

70. 綠泥角閃岩

I. 產　　　地 ── 八名郡山吉田村大字下吉田小阿寺部落内

II. 岩石解説

　1. 成　　　分 ── 主 ── 綠泥石, 角閃石, 正長石, 石英

　　　　　　　　　── 副 ── 黄鉄鑛 (比較的沢山含有)

　2. 肉眼的鑑別 ── 層状でなく塊状, 石英が固着してをることは片岩類なりと判定する一つの條件となる (顕微鏡で検知するにあらざれば, 黄鉄鉱の存在によりて蛇紋岩か, 何か他の噴出岩と本岩石とが接触せる物であるかどうかゞわからぬ) 且つ重いことの二つの條件によりて綠泥角閃岩なりと判定す. 他の綠色岩石 (蛇紋岩か輝岩か) には其の内に石英を含有せぬも本岩石中には石英を比較的沢山に含有する

　3. 化学的岩石大別 ── 中性岩

　4. 出來た時代 ── 太古代の結晶片岩層の時代

　5. 岩石大別 ── 変成岩

　6. 分布区域 ── 狹い (斯る接触せる物は)

　7. 採集可否及注意 ── 可, 轉石として附近に散在す, 地中より堀り出した物である.

　8. 生成する土壌 ── 埴質壌土

　9. 用　　　途 ── 雑用

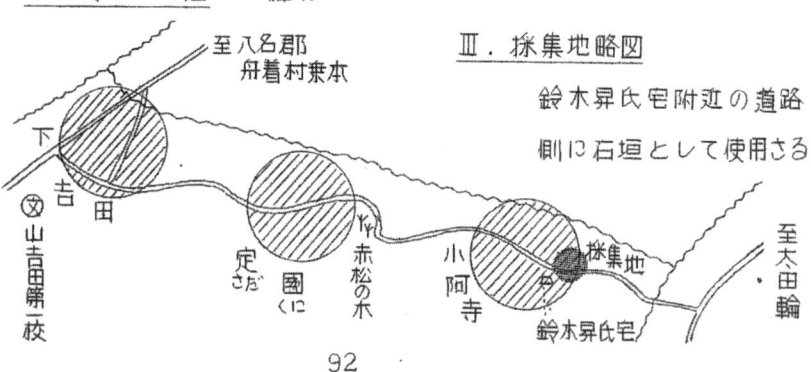

III. 採集地略図

鈴木昇氏宅附近の道路側に石垣として使用さる

71. 緑泥角閃片岩

Ⅰ. 産　　地 —— 八名郡舟着村大字乗本市川　荒川清一氏宅側
Ⅱ. 岩石解説
　1. 合　　分 —— 主 —— 緑泥石　角閃石　正長石　石英
　　　　　　　　　副 —— 不明なれども粉末を火に投ずると黄色
　　の光輝を発して燃ゆる物がある。硫酸を加へると蛍石の反
　　應がある。燃ゆる物は蛍石？
　2. 肉眼的鑑別 —— 緑色、片状、緑色は濃緑色に見える所が多い
　　　他の緑色片状岩とは区別し難い。
　3. 化学的岩石大別 —— 中性岩
　4. 出來た時代 —— 太古代の結晶片岩系
　5. 岩石大別 —— 変成岩
　6. 生成する土壌 —— 中性の土壌を構成す
　7. 用　　途 —— 土壌として農耕上價値がある。
Ⅲ. 採集地略図

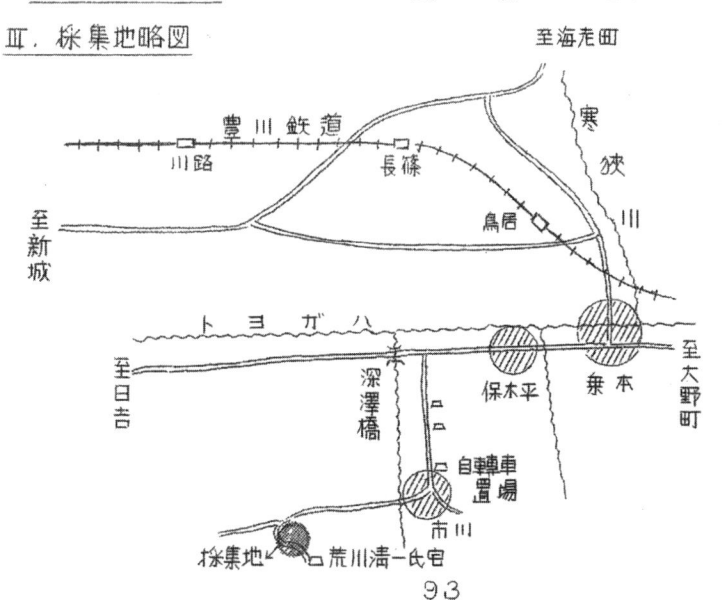

72. 藍閃片岩

I. 産　　地 ―― 八名郡舟着村大字乗本字東畑　谷下橋側(やげばし)

II. 岩石解説

　1. 合　　分 ―― 藍閃石は多量を占め, 石英と正長石は少量含有す.

　2. 肉眼的鑑別 ―― 濃藍綠色である. 成層狀況は完全なれども, 多くの場合スヂカイに砕ける.

　3. 化學的岩石大別 ―― 基性岩

　4. 出來た時代 ―― 太古代の結晶片岩系

　5. 岩石大別 ―― 變成岩 (大抵の變成岩は水成岩より變質して出來たものであるけれども之の岩石は火成岩が變質して出來たものとされてゐる.)

　6. 生成する土壤 ―― 出來れば壤質埴土若くは埴土

　7. 用　　途 ―― 雜用　學問的には極めて珍貴である.

III. 採集地略圖

採集地は著者の宅から約二町位のところ

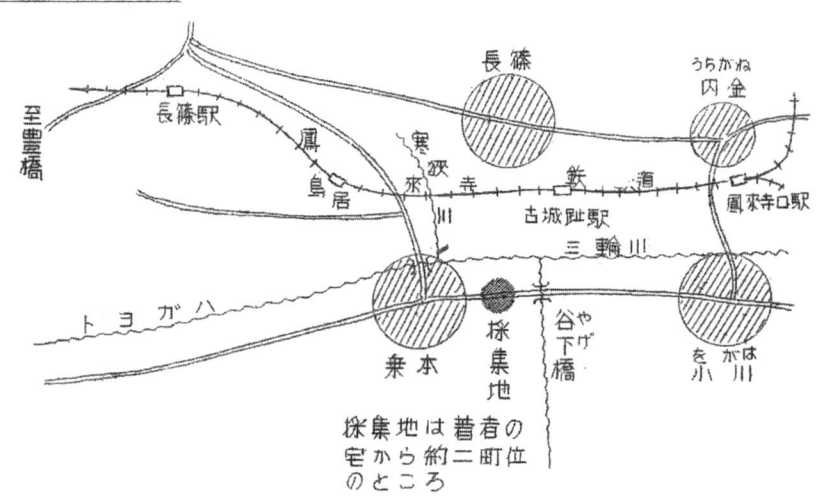

73. 石 英 岩

Ⅰ. 産　　地 ── 八名郡舟着村大字吉川根引川沿岸

Ⅱ. 岩石解説

1. 合　　分 ── 主 ── 石英
　　　　　　── 副 ── マンガン　其他緑泥石等

2. 肉眼的鑑別 ── 重(い)、即ちマンガンが混入せるに依るものと思はれる。又むしろマンガン混入せるためその時の熱に依りて結晶片岩のうちの石英その他の物が硬化せられたる石英岩であると思はれたい。白き部分が見られども此の部分は混入物なきほんとの石英である。灰黒色の部分にマンガンを含有するや否やは粉末にして之れにつきて硼砂球反應を試みる時は温き間は紫色を呈することでマンガン混入を知り得る。

3. 化学的岩石大別 ── 酸性岩
4. 出來た時代 ── 太古代の結晶片岩層の時代
5. 岩石大別 ── 変成岩（石英の多い緑泥片岩がマンガン混入によりて硬化せられたるもの）
6. 分布区域 ── 狭い
7. 採集可否及注意 ── 可　マンガンを採掘せる坑道がある、其の附近
8. 生成する土壌 ── 砂土なるべし

Ⅲ. 採集地略図

（89頁の略図を参照すること）
吉川部落根引川沿岸
菅沼初次氏宅より約
50間位の地点山林中
尚同一箇所で硅酸マンガン（バラ色）
硬マンガン（黒色）をも産する。

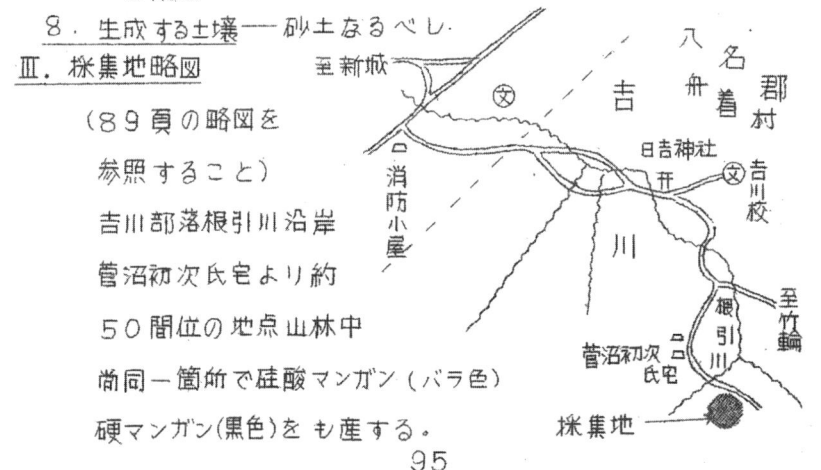

74. 滑 石 片 岩

I. 産　　地 —— 八名郡舟着村吉川部落入口附近

II. 岩石解説

1. 合　　分 —— 主 —— 滑石

2. 肉眼的鑑別 —— 不完全なる絹糸光沢を有する。軟い、脆い(変成せる故)岩石で、爪で容易に傷がつく。触れると脂の感じがある。即ち脂感(ツルツルする感)がある。層状を爲す。緑泥片岩の変成して出来た物である。尚此の外に蛇紋岩の変成に依りても本これの出来る場合がある。

3. 化学的岩石大別 —— 中性岩

4. 出来た時代 —— 太古代の結晶片岩層の時代

5. 岩石大別 —— 変成岩

6. 分布区域 —— 狹い

7. 採集可否及注意 —— 容易に採集出来る但し上等品はない

8. 生成する土壌 —— 中性(壌土と埴土との中間)の土壌

III. 採集地略図

吉川部落入口附近で緑泥片岩を産する。此の附近に橋がある。この地点より吉川國民学校の方向へ進むこと約一町。道路に接して且つ右側に露出してゐる。

75. 滑石片岩

Ⅰ. 産　　　地 ―― 八名郡山吉田村大字下吉田字小阿寺入口附近

Ⅱ. 岩石解説

  1. 成　　分 ―― 滑石

  2. 肉眼的鑑別 ―― 油脂光沢　脂感（指感が脂に触れたやうな感じである）片状且つ繊維状に見える。軟く白色である。緑泥片岩より変ったものと思はれる。

  3. 化学的岩石大別 ―― 基性岩？

  4. 出來た時代 ―― 太古代の結晶片岩層の時代

  5. 岩石大別 ―― 変成岩

  6. 分布区域 ―― 狭い

  7. 採集可否及注意 ―― 石垣の一部分として石垣を構成してをる故採集不可である。

  8. 生成する土壌 ―― 埴土

  9. 用　　途 ―― なし。標本として珍なり

Ⅲ. 採集地略図 ―― 定國より小阿寺部落へ入る入口附近に小沢がある。夫れに達する手前の道路右側の石垣を見る時一抱へ程の大きさの滑石片岩を発見し得られる。

76. 結晶質石灰岩

I. 産　　地 ── 八名郡舟着村大字乗本字川添(かはぞへ)
　　　　　　　　保木橋側約50間の所

II. 岩石解説

1. 合　　分 ── 方解石（炭酸石灰）

2. 肉眼的鑑別 ── 此の岩石は極めて小さい結晶粒が集りて太陽の光線に照されるとチカチカ光るのである。鉄槌を加へて見ると軟味を感ずるのである。元來この結晶片岩類の地層の内にはこれとよく似た石英岩が極く似た形で存在せるが上記の状況で良くこれと判別出來る。又鉄槌を加へる時は多少腐卵臭がある。

3. 化学的岩石大別 ── 石灰岩に同じ。

4. 出來た時代 ── 太古代の結晶片岩系の時代

5. 岩石大別 ── 変成岩（水成岩の変質した物である。）

6. 生成する土壌 ── 石英岩に同じ

7. 用　　途 ── 多量に産出せぬ故別にない。火に耐へる力が強いから燒いて石灰と成すには不適である。

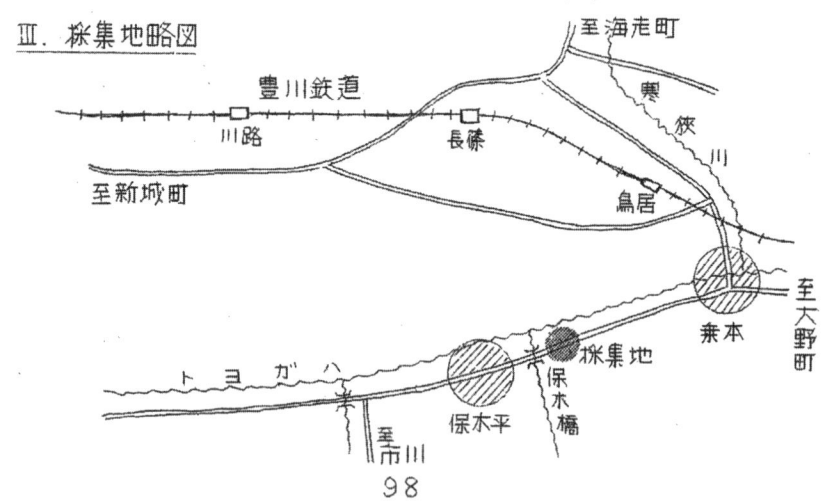

III. 採集地略図

77. 結晶質石灰岩

Ⅰ. 産　　地 —— 八名郡大野町栃久保　栃久保峠切割

Ⅱ. 岩石解説

　1. 成　　分 —— 方解石（炭酸石灰）

　2. 肉眼的鑑別 —— 白色乃至灰白色．微粒状で結晶質．硬くなく且つ鉄槌にて打つ時は、粘り気なく容易に砕れる．

　3. 化学的岩石大別 —— 石灰岩に同じ．

　4. 出来た時代 —— 結晶片岩層の時代

　5. 岩石大別 —— 変成岩

　6. 分布区域 —— 狭い．緑泥緑簾片岩中に薄い層となって露る

　7. 採集可否及注意 —— 可．道路改修されて間のない故採集容易

　8. 用　　途 —— 別になし

Ⅲ. 採集地略図

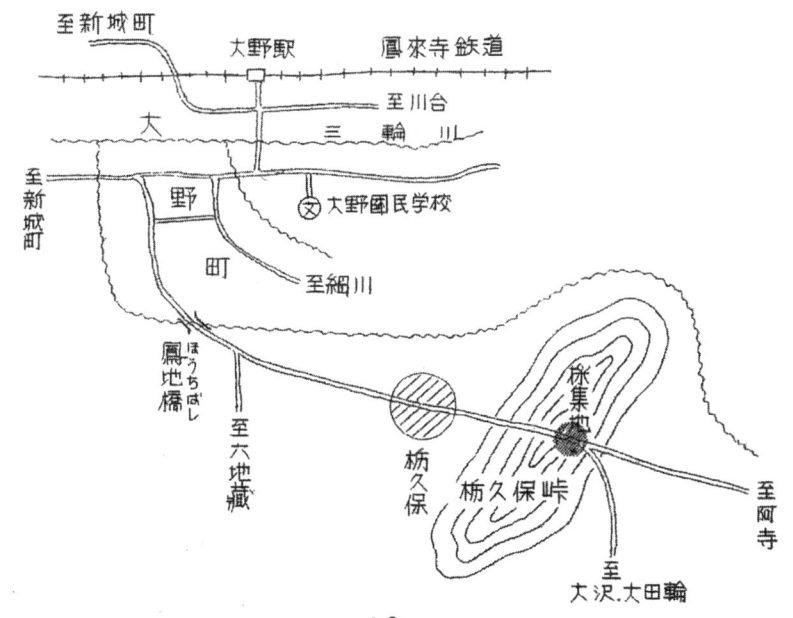

99

78. 輝　　岩

I. 産　　地 —— 八名郡舟着村大字吉川　吉川部落入口，橋附近

II. 岩石解説

1. 成　　分 —— 輝石と其の泥質物（ドロ）
2. 肉眼的鑑別 —— 濃い緑色でキラキラと光る輝石の小粒が乗つて塊状を為す。結晶片岩層に夾つて居る結果として非常に堅い。現地に於て結晶片岩に夾つて居る状況を見学せられ度い。
3. 化学的岩石大別 —— 基性岩
4. 出来た時代 —— 太古代の結晶片岩層の時代
5. 岩石大別 —— 半変成岩
6. 分布区域 —— 狭い。
7. 採集可否及注意
　　道路改修せられた結果轉石沢山あり。
8. 生成する土壌 ——
　　輝岩質埴土
9. 用　　途 ——
　　敷石又は石垣用とする。

III. 採集地略図

　　新城より弁天橋を渡りて進めば日吉に達する。鳥原社の所を左にとり坂を上りて吉川方面へ進めばやがて採集地に至る。

100

79. 輝 岩

I. 産　　地 ── 八名郡石巻村大字馬越　道路の切割の所

II. 岩石解説

1. 成　　分 ── 輝石と輝石の泥質物，時に黄鉄鉱を含むことがある。

2. 肉眼的鑑別 ── 普通に見る緑色片岩類に類似せるも，含まれてゐる輝石が陽光にさらすとキラキラ光ることと尚劈片状が不完全で塊状に近いこと等を認める。

3. 化学的岩石大別 ── 塩基性岩

4. 出來た時代 ── 古生代の秩父古生層の下部

5. 岩石大別 ── 半変成岩

6. 生成する土壌 ── 埴土

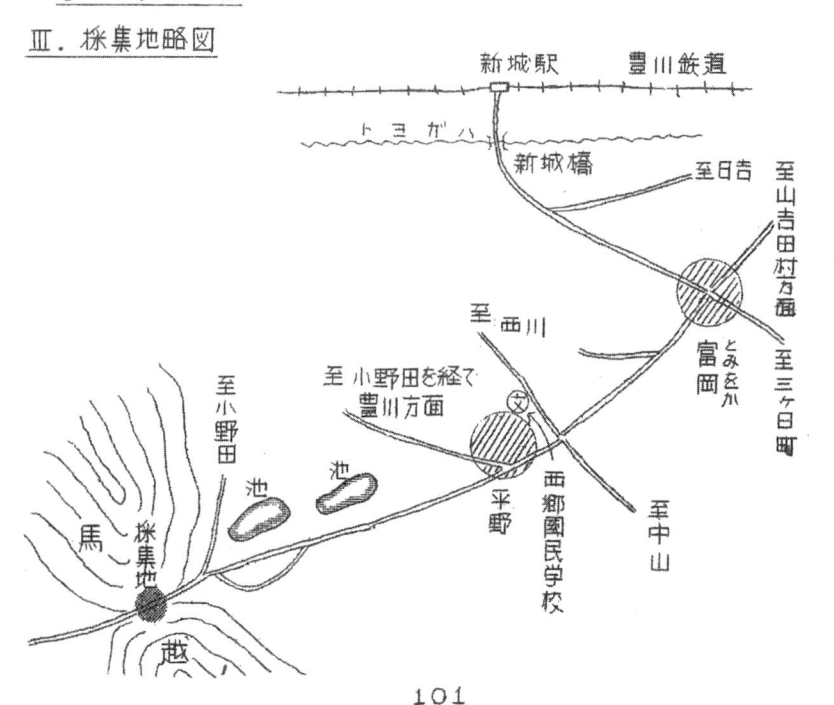

III. 採集地略図

80. 輝　岩

Ⅰ. 産　　地 —— 八名郡山吉田村大字阿寺黒淵

Ⅱ. 岩石解説

　1. 成　　分 —— 輝石と輝石の泥質物とである。特に黄鉄鉱を含むことがある。

　2. 肉眼的鑑別 —— 常に青色又は緑色又は緑黒色をして居る。太陽の光線に當てると雲母の様な光沢がある。即ち光る物が入つてゐる。之れが輝石である。岩石は片状で相当に堅く且つ粘り気強くて、鉄槌を當てた時は堅く粘り強く、さげて見た時は重く感ずる。

　3. 化学的岩石大別 —— 基性岩

　4. 出來た時代 —— 古生代の秩父古生層の下部

　5. 岩石大別 —— 半変成岩

　6. 生成する土壌 —— 埴土

　7. 用　　途 —— なし

Ⅲ. 採集地略図

81. 石 灰 岩

<u>I. 産　　地</u>──八名郡石巻村大字嵩山（すせ）　湯巻（ゆまき）

<u>II. 岩石解説</u>

　<u>1. 合　　分</u>──炭酸石灰

　<u>2. 肉眼的鑑別</u>──灰白色で、打つ時は腐卵臭がある。硬さは餘り硬くない。硬度と謂ふのは少しく當を得て居らぬが、若し硬度といふことが許されるならば4位であらう？
　　　稀酸（例へば稀塩酸の如き）を注げば発泡する。

　<u>3. 化学的岩石大別</u>──中性岩と思はれる。

　<u>4. 出來た時代</u>──古生代

　<u>5. 岩石大別</u>──水成岩

　<u>6. 生成する土壌</u>──中性の土壌

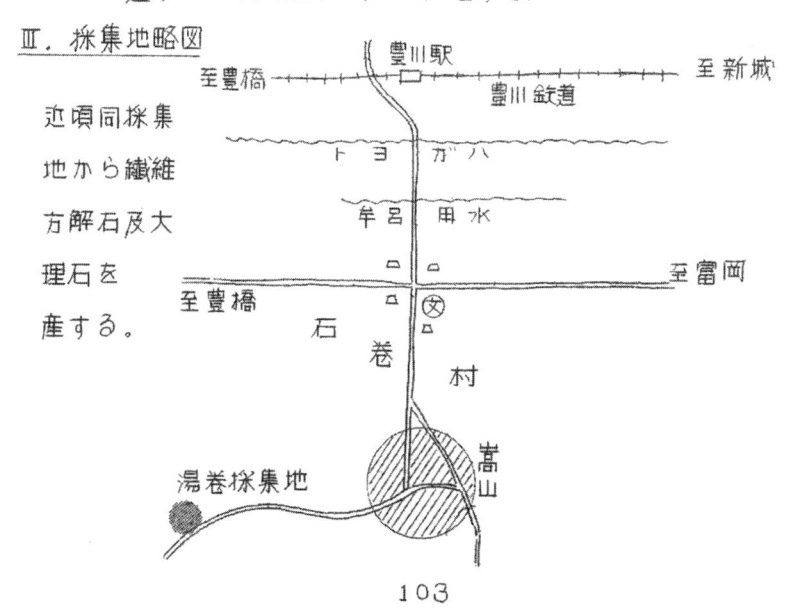

　<u>7. 用　　途</u>──生石灰（燒成して）更に之れより消石灰等を製造する。又建築材（石垣）とする。

<u>III. 採集地略図</u>

近頃同採集地から繊維方解石及大理石を産する。

82. 黒色石灰岩

Ⅰ. 産　　　地 ―― 丹羽郡池野村大字八曽字萱野
　　　　　　　　　　　　　　　　　　　　　　生駒岩次郎氏宅附近
Ⅱ. 岩石解説

1. 合　　　分 ―― 炭酸石灰
2. 肉眼的鑑別 ―― 黒色, 緻密, 堅硬, 角礫状を呈してゐる。
　　破れ目黒色がゝれる光澤を帯び真珠岩の破れ目に似てをる。
　　打つと H_2S の臭がする。粘板岩層中に塊状をなして存在
　　する。
3. 岩石大別 ―― 水成岩
4. 化学的岩石大別 ―― 基性岩
5. 出來た時代 ―― 古生層の時代
6. 分布区域 ―― 狭い
7. 採集可否及注意 ―― 可
8. 生成する土壌 ―― 石灰岩質埴土
9. 用　　　途 ――
　　石灰製造用, 今日では
　　中止してをられる。

Ⅲ. 採集地略図

　　生駒氏宅より八曽川を下る
　　こと一町半, 川の左側急坂を
　　一町余上りたる山
　　腹に其の露出あ
　　り。生駒氏宅を
　　訪問して教を乞
　　へばよくわかる。

83. 結晶質石灰岩

Ⅰ. 産　　地──八名郡石巻村大字三輪石巻山頂

Ⅱ. 岩石解説

　1. 成　　分──炭酸石灰及炭酸苦土

　2. 肉眼的鑑別──方解石の集合体であるからすぐわかる.

　3. 化学的岩石大別──中性岩と思はれる.

　4. 出來た時代──中生層

　5. 岩石大別──水成岩（何かの作用を受けて結晶質となった）

　6. 生成する土壌──中性の土壌を構成す.

　7. 用　　途──なし. 普通の石灰岩は石灰燒成用とする.

Ⅲ. 採集地略図

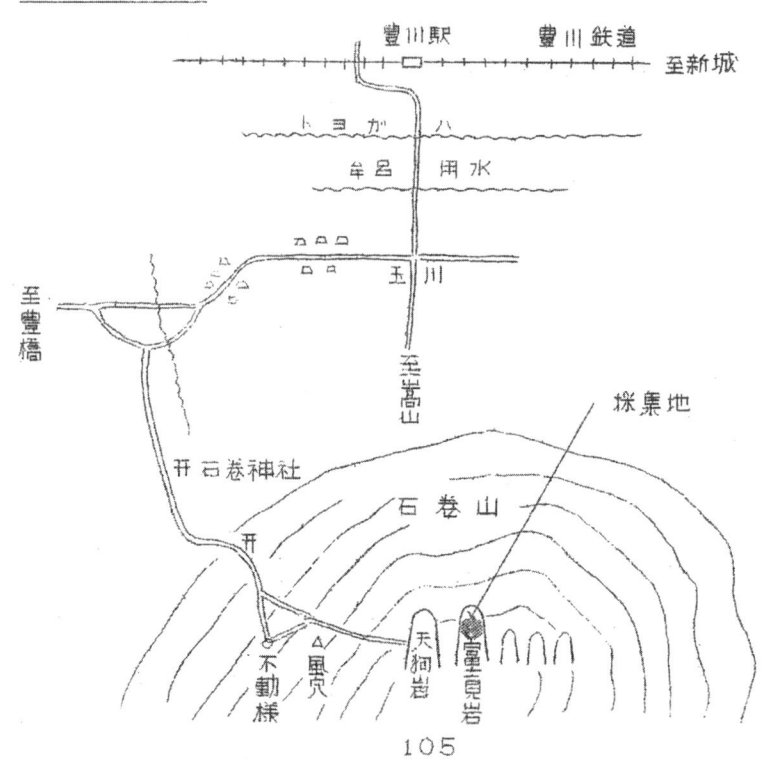

84. 千枚岩(せんまい)

Ⅰ. 産　　地 —— 八名郡石巻村大字嵩山(すせ)本坂峠

Ⅱ. 岩石解説

1. 合　　分 —— 泥質物と石英, 黒雲母, 緑泥石
2. 肉眼的鑑別 —— 薄き片状の集合体(千枚的)であること. 新鮮なる面は緻密的にてニブキ樹脂光澤があり, 稍、脂臓がある。且淡黄白色
3. 化学的岩石大別 —— 基性岩
4. 出来た時代 —— 古生代の秩父古生層上中部
5. 岩石大別 —— 半変成岩(半水成岩)
6. 生成する土壌 —— 千枚岩質埴土(是れのみで土壌を構成することは殆んどない)
7. 用　　途 —— 品物が良ければ砥石

Ⅲ. 採集地略図

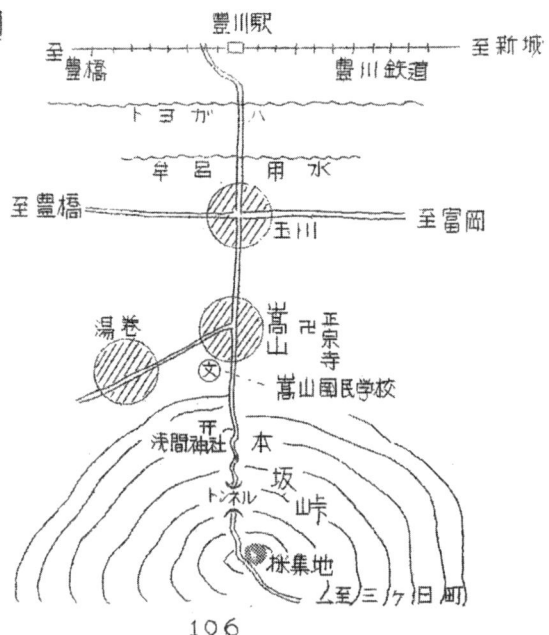

85. 石墨千枚岩

I. 産　　地 —— 八名郡石巻村大字嵩山　本坂峠附近

II. 岩石解説

1. 成　　分 —— 泥質物と石英，黒雲母，緑泥石　並に石墨

2. 肉眼的鑑別 —— 黒色にして千枚岩より脂感あり，光澤は一層の脂肪光澤を呈する。千枚岩の出來る時に石墨の沈澱したる物である。

3. 化学的岩石大別 —— 中性（石墨混在のため）

4. 出來た時代 —— 古生代の秩父古生層上中部

5. 岩石大別 —— 半深成岩

6. 生成する土壌 —— 中性の土壌を構成す（之れのみで一体の土壌を構成することは稀である）

7. 用　　途 —— 別にない。

III. 採集地略図

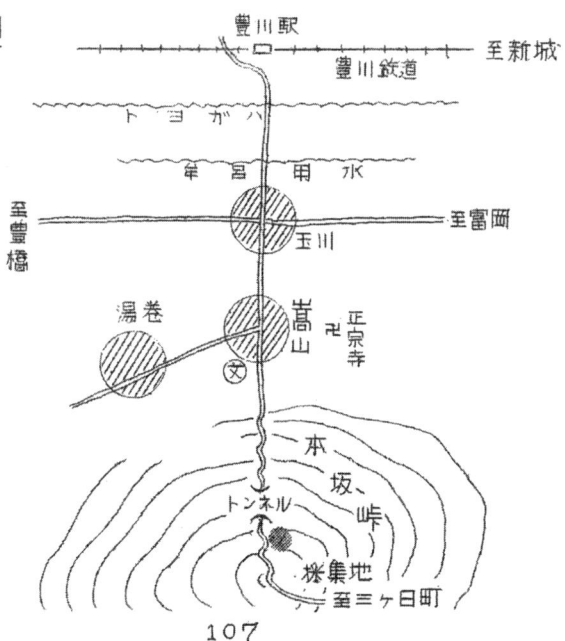

86. 緑簾透角閃岩

I. 産　　地 —— 渥美郡野田村大字馬草(まぐさ)　海岸

II. 岩石解説

1. 合　　分 —— 主 — 緑簾石，透角閃石又は陽起石
　　　　　　　 —— 副 — 磁鉄鉱　緑泥石

2. 肉眼的鑑別 —— 緑泥片岩に似てゐる。暗青緑色で片状理が明であり且つ頗る緻密で，打っても緑泥片岩の如く容易に片状に剥れることはないから自己の欲する形に採集し得られる之れ即ち緻密，片状剥離稍、不完全にして且つ堅硬なる故であると考へられる。

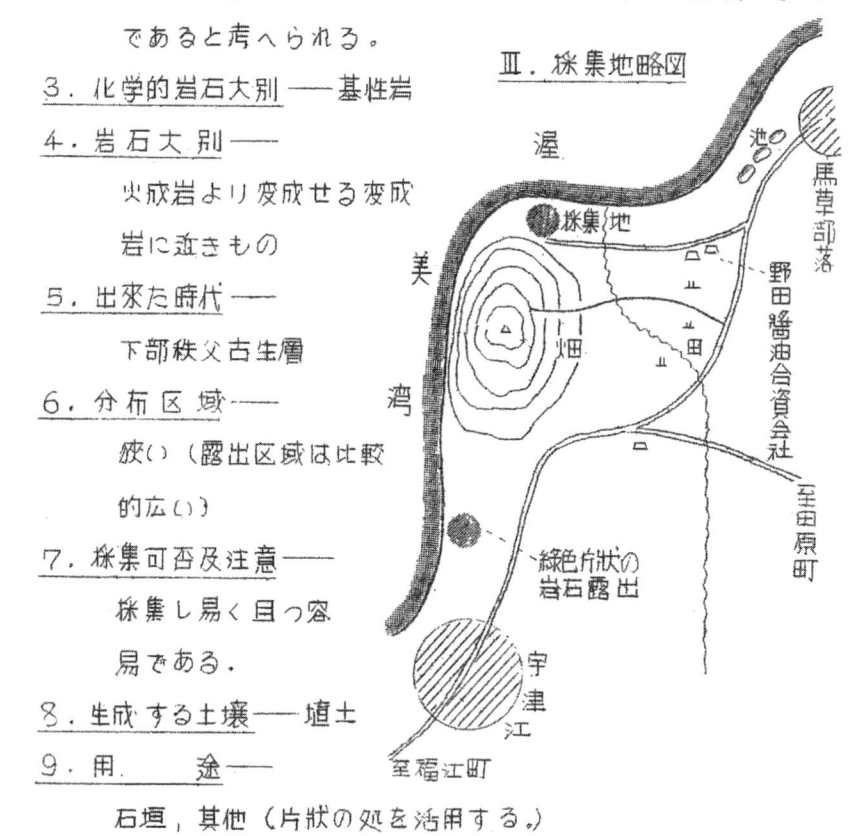

3. 化学的岩石大別 —— 基性岩

4. 岩石大別 ——
　　火成岩より変成せる変成岩に近きもの

5. 出來た時代 ——
　　下部秩父古生層

6. 分布区域 ——
　　狭い（露出区域は比較的広い）

7. 採集可否及注意 ——
　　採集し易く且つ容易である。

8. 生成する土壌 —— 埴土

9. 用　　途 ——
　　石垣，其他（片状の処を活用する。）

III. 採集地略図

87. 輝緑凝灰岩

I. 産　　　地 ── 八名郡石巻村大字嵩山(すせ) 正宗寺(しゃうじゅうじ)附近

II. 岩石解說

1. 合　　分 ── 輝緑岩の火山灰の集合

2. 肉眼的鑑別 ── 紫褐色，片狀完全である。但しラヂオラリヤ硅板岩若しくは石英岩と誤り易し。然し硬度甚だ低く尚ラヂオラリヤ硅板岩に比して片狀理甚だ著しい。即ち区別する要点は，輝緑凝灰岩は片狀理明であることである。実際に当りて斯様な其の色，硬度，片狀理をしたる岩石を見た時は輝緑凝灰岩と断定して差支なし。露出狀況を見れば尚明である。

3. 化学的岩石大別 ── 基性岩

4. 出来た時代 ── 秩父古生層の時代

5. 岩石大別 ── 水成岩

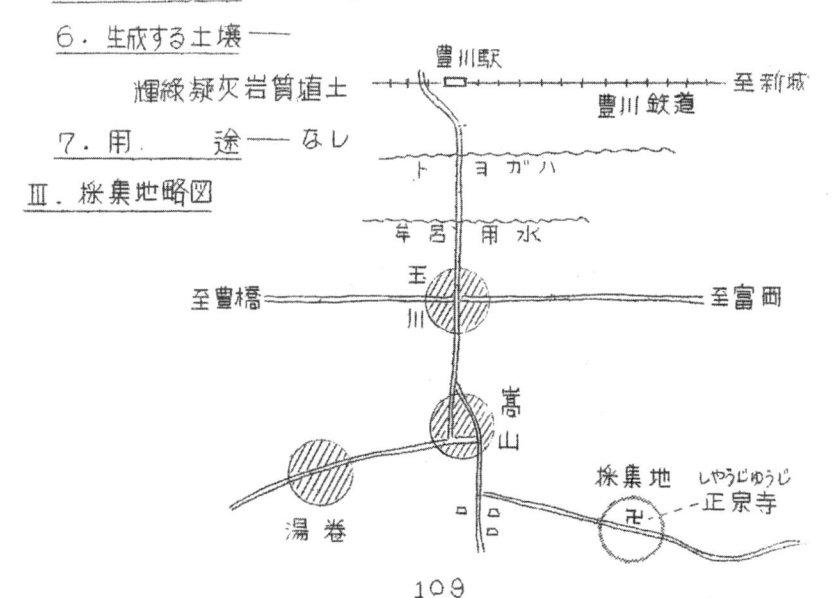

6. 生成する土壌 ──
　　輝緑凝灰岩質埴土

7. 用　　途 ── なし

III. 採集地略図

88. 輝緑凝灰岩

I. 産　　地 ── 丹羽郡犬山町内田名古屋水道取水口事務所附近

II. 岩石解説

1. 成　　分 ── 輝緑岩の火山灰の集合
2. 肉眼的鑑別 ── 色はラヂオラリヤ硅板岩に似て、紫赤褐色をなすも光沢なく軟い感じがする。又実際に鉄槌を以て擦ると容易に傷がつく程軟である。この硬さの異ひで、ラヂオラリヤ硅板岩又は石英岩と区別することが出来る。風化侵蝕せる面に高く條が残り其の條間は平滑。石英岩やラヂオラリヤ硅板岩の間に薄く板状に挟在。水成岩なるを思はしめる。
3. 岩石大別 ── 水成岩
4. 化学的岩石大別 ── 基性岩
5. 出來た時代 ── 上中部秩父古生層の時代
6. 分布区域 ── 石英岩、ラヂオラリヤ硅板岩の間に挟まれて木曽川沿岸に分布す。
7. 採集可否及其注意 ── 出來るもうすくて輝緑凝灰岩だけ採集することは不可能
8. 生成する土壌 ── 輝緑凝灰岩質埴土
9. 用　　途 ── なし
   （木曽川沿岸に見る如く主として石英岩より成れる地方に於て尚ほ樹木の△生育を見るは其の輝緑凝灰岩の挟在に因ると云はれる。

110

89. 輝緑凝灰岩

Ⅰ. 産　地 —— 八名郡八名村大字富岡　八名橋より宇利峠へ行く道で次の宇利橋下の川の中

Ⅱ. 岩石解説

1. 合　分 —— 輝緑岩，或は輝緑凝灰岩の岩片及び其の凝灰質物にして，石灰質粘土を交ゆ
2. 肉眼的鑑別 —— 緑色で礫状の大塊をなして露出す。極めて堅硬である。
3. 化学的岩石大別 —— 基性岩
4. 出来た時代 —— 古生代
5. 岩石大別 —— 水成岩
6. 生成する土壌 —— 埴土（分布区域は余り廣くない）
7. 用　途 —— 本岩石の用途は石垣用位に過ぎざれども元來輝緑凝灰岩は質硬からず，緻密な物は能く墨色を呈するを以て古来より硯材として用ふ。支那の端渓硯も亦一種の輝緑凝灰岩である。而して長門の赤間石（あかまがせき），土佐の土佐石も亦輝緑凝灰岩である。

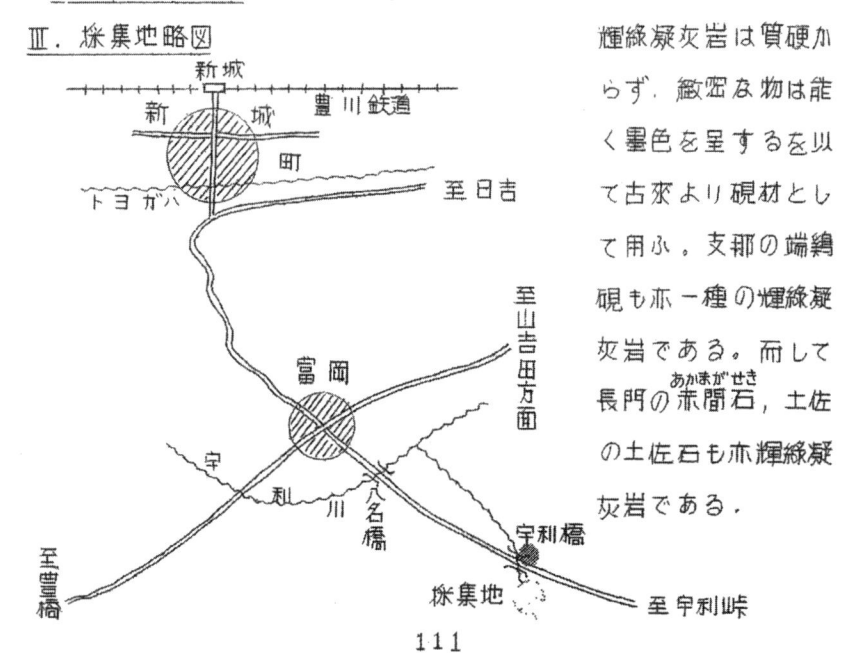

Ⅲ. 採集地略図

90. 輝緑凝灰岩

Ⅰ. 産　　地 ── 八名郡石巻村大字嵩山(すせ)　湯巻

　　　　　　　　　　　　㊤石炭株式会社採掘場

Ⅱ. 岩石解説

　1. 合　　分 ── 輝緑岩の火山灰と石灰分
　2. 肉眼的鑑別 ── 多色であること, 然も夫れが不規則である。土地では五色石と呼んでゐる。硬度が比較的に低いこと, 美麗である。本岩石に隨伴して方解石や繊維方解石が出る。
　3. 化学的岩石大別 ── 基性岩
　4. 出來た時代 ── 秩父古生層上,中部
　5. 岩石大別 ── 水成岩
　6. 生成する土壌 ── 石灰分の多少に依りて埴土又は中性の土壌
　7. 用　　途 ── 建築石材（豊川稲荷社入口の石垣）又は装飾用

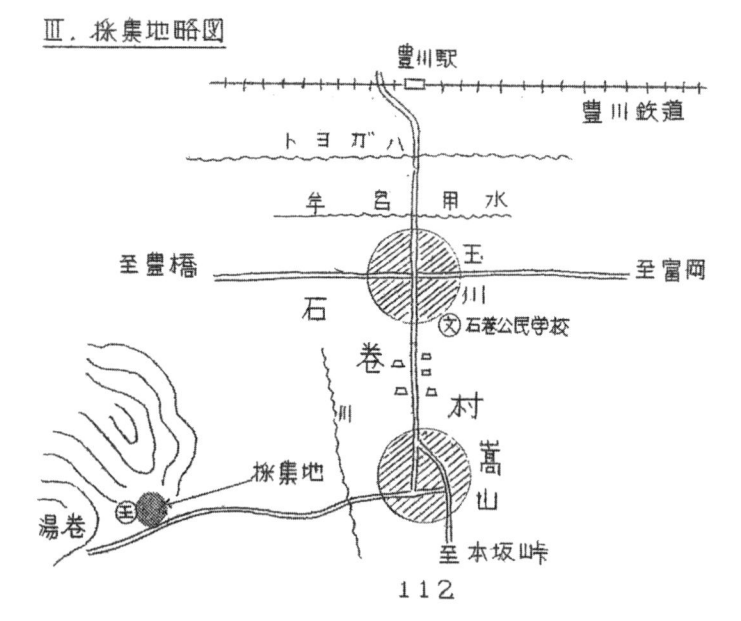

Ⅲ. 採集地略図

91. 輝緑凝灰岩

1. 産　　地——渥美郡野田村大字馬草　五色石採掘場

II. 岩石解説

　1. 成　　分——輝緑岩の火山灰, 石灰石等の膠結物

　2. 肉眼的鑑別——赤紫色, 白色, 灰色, 緑色, 青色等の各色が互に層を爲して重なり全体層狀を爲す, 打つ時は容易に砕け且つ少しく硝子質がかれるを認める。本岩石中の石灰分のみ侵蝕せられて表面に凹凸を認められる点もある。八名郡石巻村湯巻のまれと少しも異る処がなく良く類似してゐる。本岩石に随伴して美麗な大きい方解石を産する。

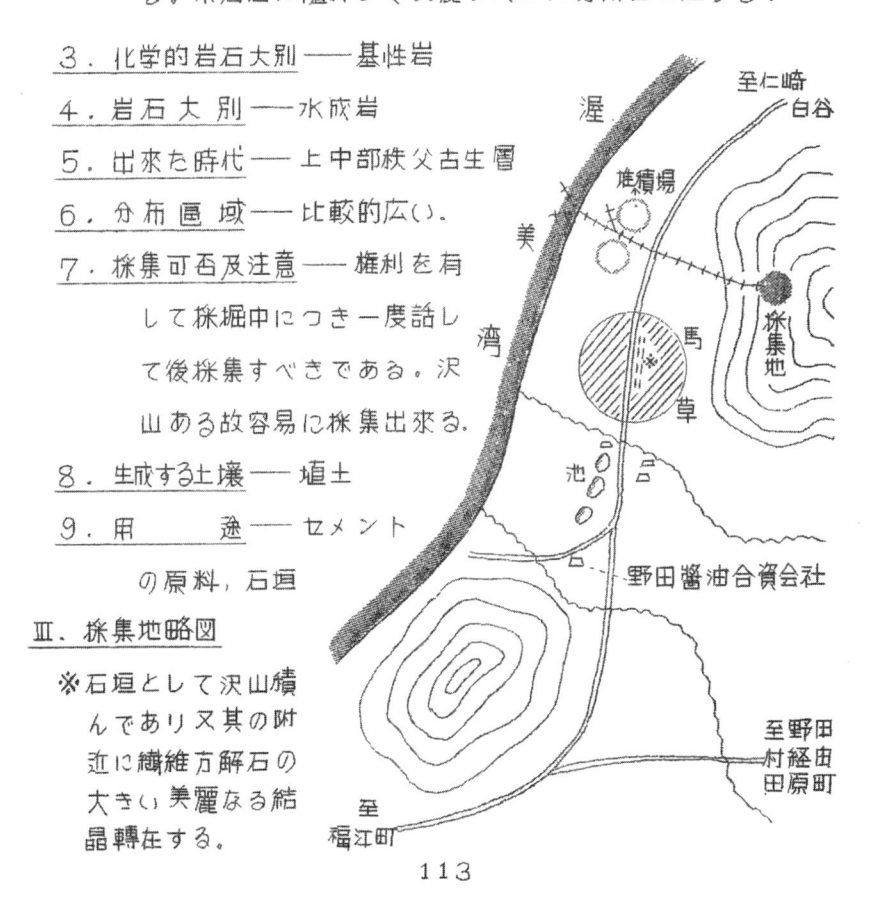

　3. 化学的岩石大別——基性岩
　4. 岩石大別——水成岩
　5. 出來た時代——上中部秩父古生層
　6. 分布区域——比較的広い.
　7. 採集可否及注意——権利を有して採掘中につき一度話して後採集すべきである。沢山ある故容易に採集出來る.
　8. 生成する土壌——埴土
　9. 用　　途——セメントの原料, 石垣

III. 採集地略図

　※石垣として沢山積んであり又其の附近に繊維方解石の大きい美麗なる結晶轉在する.

92. 輝緑凝灰岩

I. 産　　　地　──　丹羽郡城東村栗栖不走滝附近

II. 岩石解説

　1. 成　　分　──　輝緑岩の凝灰質物

　2. 肉眼的鑑別　──　脂感あり軟く丁度蠟をなぜる様な感じがする片状理明，容易に片状にさける。又條あり，之を境に小さく片状に砕ける。色は赤褐色，淡緑色，灰色等と各色混在露出の状況は石英岩やラヂオラリヤ硅板岩の層間に挾在するのでなく，輝緑凝灰岩の層をなし，走向傾斜等測定し得ぬ程度に表面より漸次ボロボロとかけて落ちつつある。水成岩であると思はせられる。

　3. 岩石大別　──　水成岩

　4. 化学的岩石大別　──　基性岩

　5. 出來た時代　──　上中部秩父古生層の時代

　6. 分布区域　──　露出面は少ない

　7. 採集可否及注意　──　出來るも風化甚しくて新鮮なものをとり難い。

　8. 生成する土壌　──　輝緑凝灰岩質埴土

　9. 用　　　途　──　なし

III. 採集地略図

　不走閣から，岐阜縣石原へ向って行くこと約一町半．道の曲り目，両側に切割として露出

93. 石 灰 岩

<u>Ⅰ. 産　　地</u>── 渥美郡田原町大字白谷　石灰採掘場

<u>Ⅱ. 岩石解説</u>

<u>1. 合　分</u>── 炭酸カルシウム即方解石の微晶

<u>2. 肉眼的鑑別</u>── 白色，灰色，暗灰色等，非結晶質の物と結晶質の物とがある。即ち硝子質がかりて打つ時はチンチンと金属音を発し且つ極めて砕け易い物である。

海岸に石灰燒成炉が構築されてをり採掘と同時に一部分は燒成，他の物は海運の便で他所へ搬出利用されてゐる現状である。

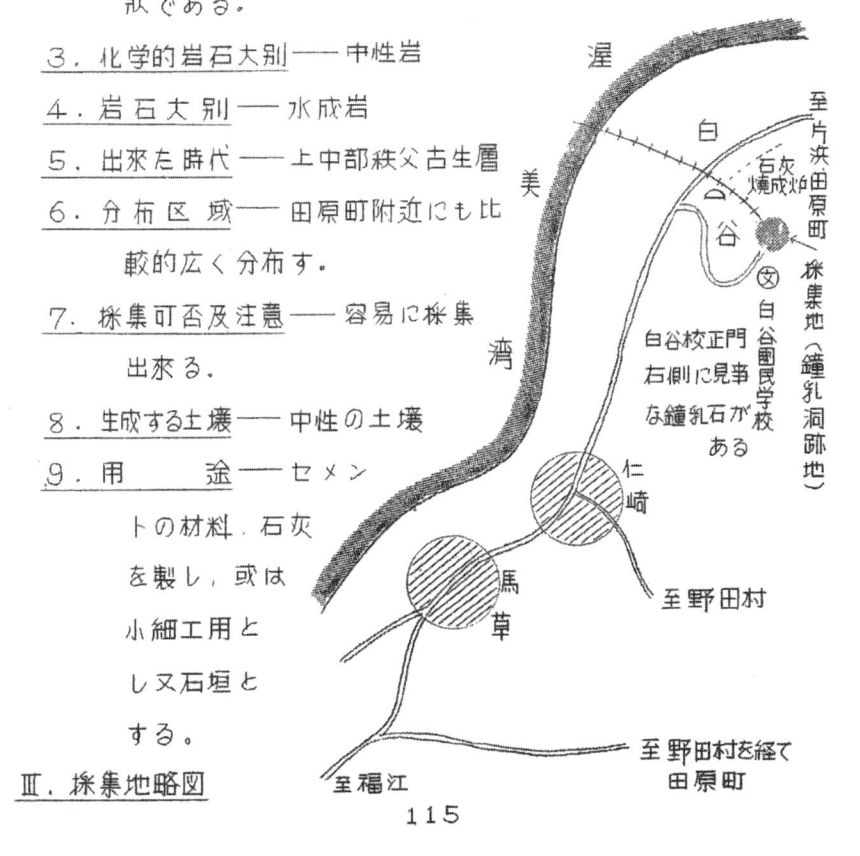

<u>3. 化学的岩石大別</u>── 中性岩

<u>4. 岩石大別</u>── 水成岩

<u>5. 出來た時代</u>── 上中部秩父古生層

<u>6. 分布区域</u>── 田原町附近にも比較的広く分布す。

<u>7. 採集可否及注意</u>── 容易に採集出來る。

<u>8. 生成する土壌</u>── 中性の土壌

<u>9. 用　途</u>── セメントの材料，石灰を製し，或は小細工用とし又石垣とする。

<u>Ⅲ. 採集地略図</u>

94. ラヂオラリヤ硅板岩

Ⅰ. 産　　地 ── 丹羽郡犬山町犬山城下木曽川岸

Ⅱ. 岩石解説

1. 成　　分 ── 主-石英

　　副-含ラヂオラリヤ虫の遺体又多少の輝緑凝灰岩質の泥状物

2. 肉眼的鑑別 ── 色は濃赤褐色、又は濃血肉色で赤すぎるもの紫色すぎるものの中にはラヂオラリヤ虫の遺体を含まず、ラヂオラリヤ虫の遺体で又泥状物で此の岩石が着色せられて居るのである。緻密、介殼状断口を示し堅硬（石英岩に比べて少しく硬度が低い）。不透明、光沢鈍くつや消しの感がある。片状で硅岩（石英岩）又は赤色の輝緑凝灰岩に類似す。露出状況は川面に対して斜に他岩層間に夾在してゐる。

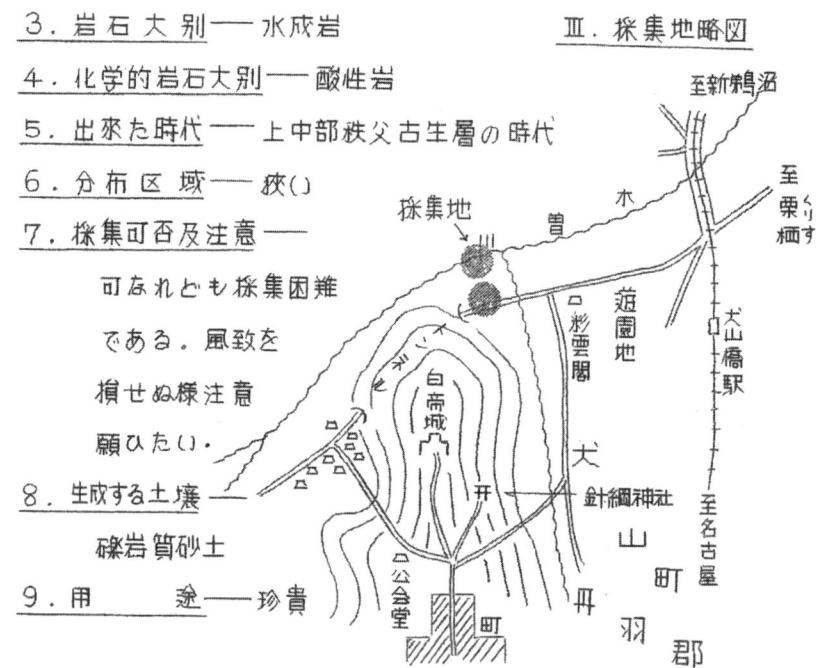

3. 岩石大別 ── 水成岩

4. 化学的岩石大別 ── 酸性岩

5. 出來た時代 ── 上中部秩父古生層の時代

6. 分布区域 ── 狭い

7. 採集可否及注意 ── 可なれども採集困難である。風致を損せぬ様注意願ひたい。

8. 生成する土壌 ── 礫岩質砂土

9. 用　　途 ── 珍貴

Ⅲ. 採集地略図

95. 角　岩

I. 産　　地 ── 丹羽郡城東村栗栖　栗栖の渡し

II. 岩石解説

　1. 成　　分 ── 硅酸の沈澱物

　2. 肉眼的鑑別 ── 緑色，一見極めて碧玉に類似す。曰く緻密，均一質で其の破面に介殻状の断口を見出す。半透明の感がする。破面平滑，蠟光沢　片状（露出は）他の岩石と互層をなす。

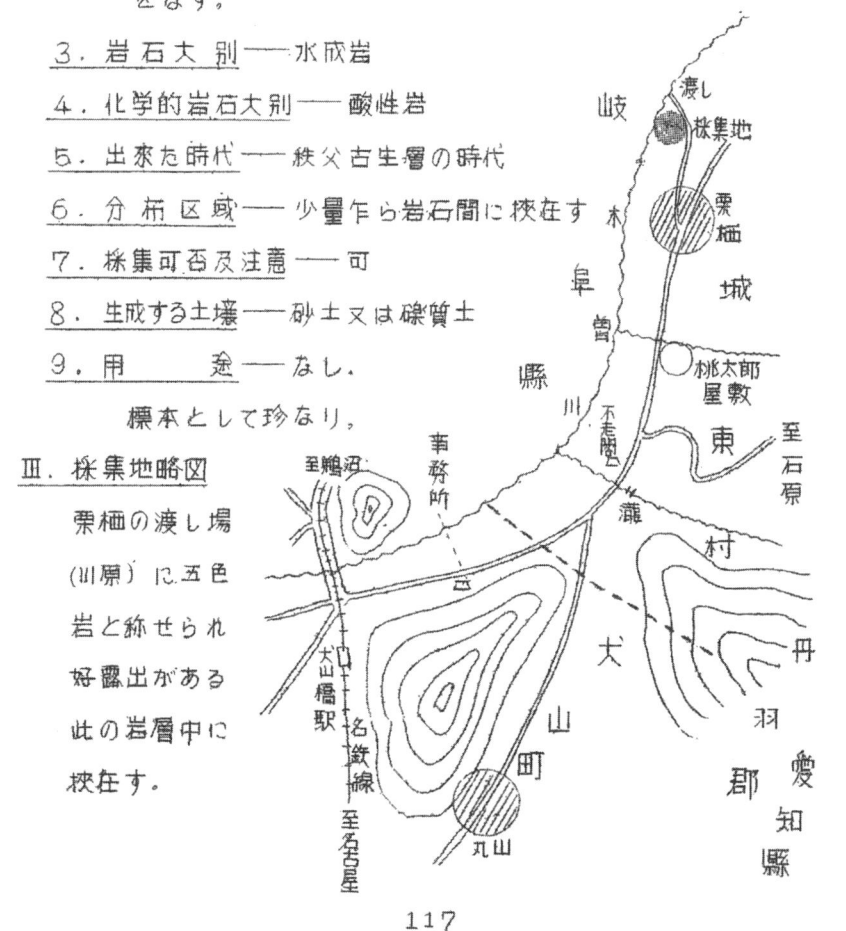

　3. 岩石大別 ── 水成岩

　4. 化学的岩石大別 ── 酸性岩

　5. 出来た時代 ── 秩父古生層の時代

　6. 分布区域 ── 少量乍ら岩石間に挾在す

　7. 採集可否及注意 ── 可

　8. 生成する土壌 ── 砂土又は礫質土

　9. 用　　途 ── なし．

　　標本として珍なり．

III. 採集地略図

栗栖の渡し場（川原）に五色岩と称せられ好露出がある此の岩層中に挾在す．

96. 変質粘板岩

I. 産　　地 ── 丹羽郡池野村富士　尾張富士中腹中宮から八合目附近

II. 岩石解説

1. 合　　分 ── ドロを泥質物で膠結
2. 肉眼的鑑別 ── 黒色，緻密，層板，鉄槌で打った時の感じは風化しての結果か少し軟い。全体が粘土質物の膠結物たるの感じがある。其の内に硝子光沢のある小粒状物混在，撫るとざらつく。多少結晶質の感じがするが之れにより熱作用をうけての変質なるをうなづかせられる。花崗岩の噴出に依って接触変質して軟化脆弱となり従って風雨のため風化激しく，為めに削れて此の山腹地帯急峻となる。粘板岩中を石英脈縦走，赤色石英岩が見られる。
3. 岩石大別 ── 水成岩
4. 化学的岩石大別 ── 基性岩
5. 出来た時代 ── 上中部秩父古生層の時代
6. 分布区域 ── 山では狭いが池野村全般に亘りては相当に広い
7. 採集可否及注意 ── 神様の事故遠慮せられては如何でせう。
8. 生成する土壌 ── 中性又は埴質の土壌

III. 採集地略図

尾張富士の中腹約6合目中宮附近より8合目附近迄に露出してゐる。

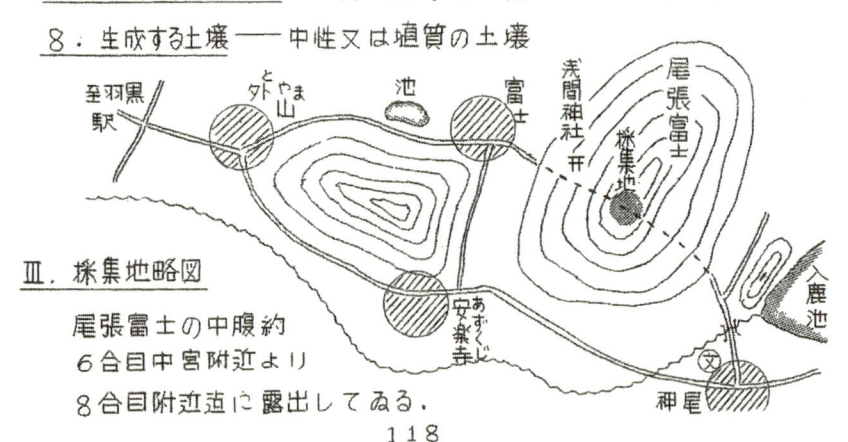

97. 変質粘板岩

I. 産　　　地 ―― 丹羽郡池野村入鹿籔ヶ洞天道園より池に沿ひて上へ三町

II. 岩石解説

　1. 成　　　分 ―― 粘土質のもの

　2. 肉眼的鑑別 ―― 頁岩の更に堅硬なもの且時代も亦一層古きものである。黒色で剥状で緻密質で、外野原の変質硬砂岩に類似（変質硬砂岩は堅硬で幾分硝子質がかつて居る。）粘着力強く従つて鉄槌にて打つも割れ難く撫ると少しくざらつき且つ硝子質がかれリ、変質を思はせる。層状、重し、多少硅質を帯ぶ。

　3. 岩石大別 ―― 水成岩

　4. 化学的岩石大別 ―― 基性岩

　5. 出來た時代 ―― 上中部秩父古生層の時代

　6. 分布区域 ―― 廣い。

　7. 採集可否及注意 ―― 可、良き標本が採集出來る。

　8. 生成する土壌 ―― 粘板岩質埴土

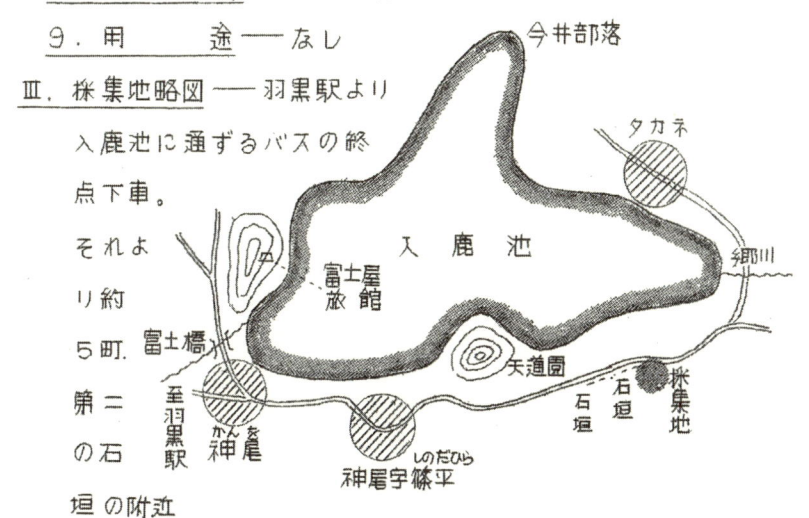

　9. 用　　　途 ―― なし

III. 採集地略図 ―― 羽黒駅より入鹿池に通ずるバスの終点下車。それより約5町、第二の石垣の附近

98. 変質粘板岩

Ⅰ. 産　　地 ──── 丹羽郡池野村神尾入鹿池樋門富士橋附近

Ⅱ. 岩石 解説

1. 合　　分 ──── ドロを泥質物で膠結

2. 肉眼的鑑別 ──── 黒色で外野原の硬砂岩に類似，層状，堅硬，緻密で多少硝子質がかつてゐる。チカチカ光る。打つと金属音を発する。重く粘着力比較的少く変質を思はせる。

3. 岩石大別 ──── 水成岩

4. 化学的岩石大別 ──── 基性岩

5. 出来た時代 ──── 上中部秩父古生層の時代

6. 分布区域 ──── 廣い。

7. 採集可否及注意 ──── 可，轉石も沢山あり然も新鮮物沢山あり

8. 生成する土壌 ──── 粘板岩質壤質埴土

9. 用　　途 ──── なし．石垣に利用すればその程度

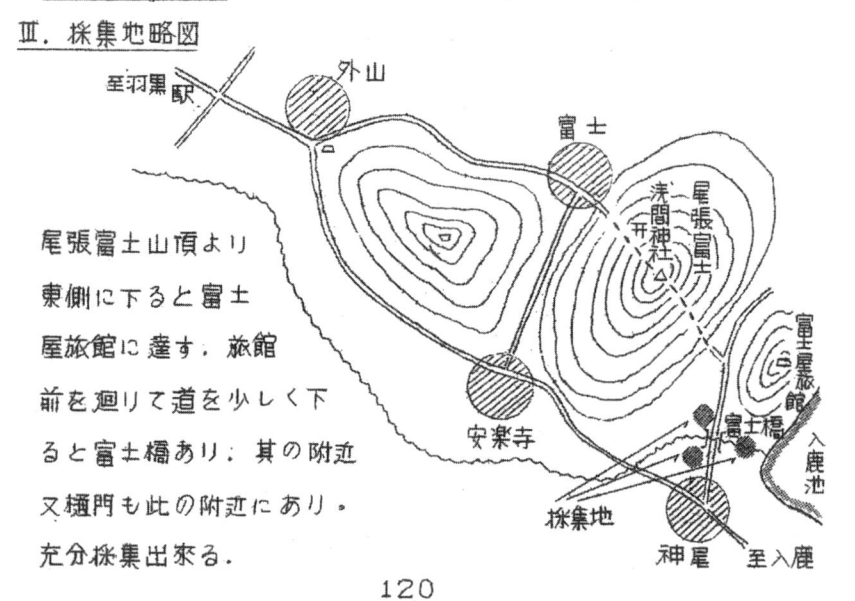

Ⅲ. 採集地略図

尾張富士山頂より東側に下ると富士屋旅館に達す．旅館前を廻りて道を少しく下ると富士橋あり．其の附近又樋門も此の附近にあり。充分採集出来る．

99. 粘 板 岩

Ⅰ. 産　　地 ── 渥美郡野田村大字仁崎（にさき）

Ⅱ. 岩石解説

1. 合　　分 ── ドロを泥質物で膠結す

2. 肉眼的鑑別 ── 黝黒色，片状，頗る緻密，堅硬故採集上困難を感ずる程である。又砂質を帯び稍粗なる外観を呈するものもある。之れは風化の程度が進行してゐるのではないかと思はれる。

3. 化学的岩石大別 ── 中性岩若くは塩基性岩

4. 岩石大別 ── 水成岩

5. 出來た時代 ── 上中部秩父古生層

6. 分布区域 ── 狭いが渥美郡の各所で産出する。

7. 採集可否及注意 ── 道路開鑿され其の附近に轉石として沢山ある。之れ等の内より選択採集出來る。

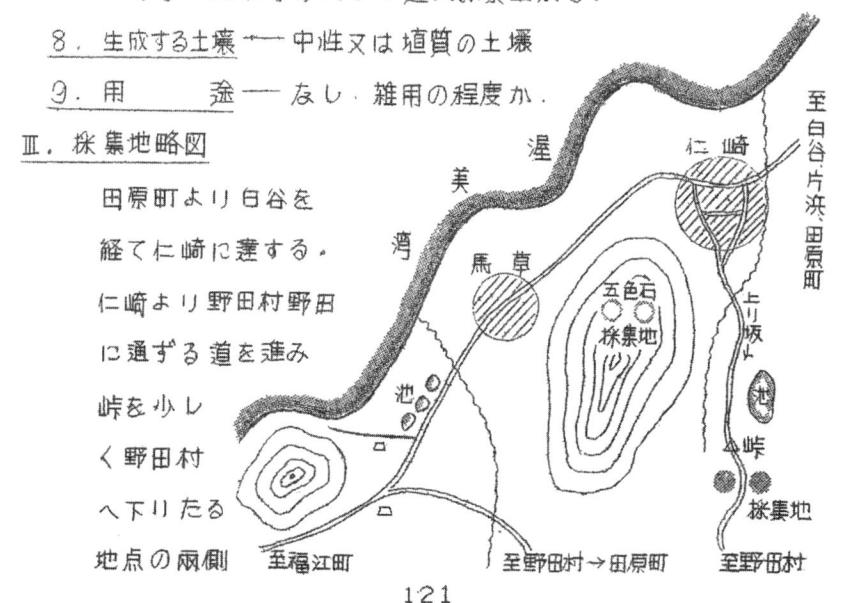

8. 生成する土壤 ── 中性又は塩基質の土壤

9. 用　　途 ── なし。雑用の程度か。

Ⅲ. 採集地略図

田原町より白谷を経て仁崎に達する。仁崎より野田村野田に通ずる道を進み峠を少しく野田村へ下りたる地点の両側

100. 石英岩

I. 産　　地 ―― 八名郡石巻村大字嵩山(すせ)　正宗寺(しゃうじゅうじ)附近

II. 岩石解説

1. 合　　分 ―― 石英．赤色なるはマンガンに依って着色せる物と考へられる。

2. 肉眼的鑑別 ―― 石英の微結晶物が集結して居るものである。片状理明ならず硬度甚き故容易に鑑定し得，但し附近に殆ど同じ色の輝輝凝灰岩を産するが硬度が甚しく異る．即ち鉄槌で傷ける時は輝緑凝灰岩の方は容易に傷くも石英岩は然らず。

3. 化学的岩石大別 ―― 酸性岩

4. 出來た時代 ―― 秩父古生層即ち古生代のものである。

5. 岩石大別 ―― 水成岩

6. 生成する土壌 ―― 砂土

7. 用　　途 ―― なし

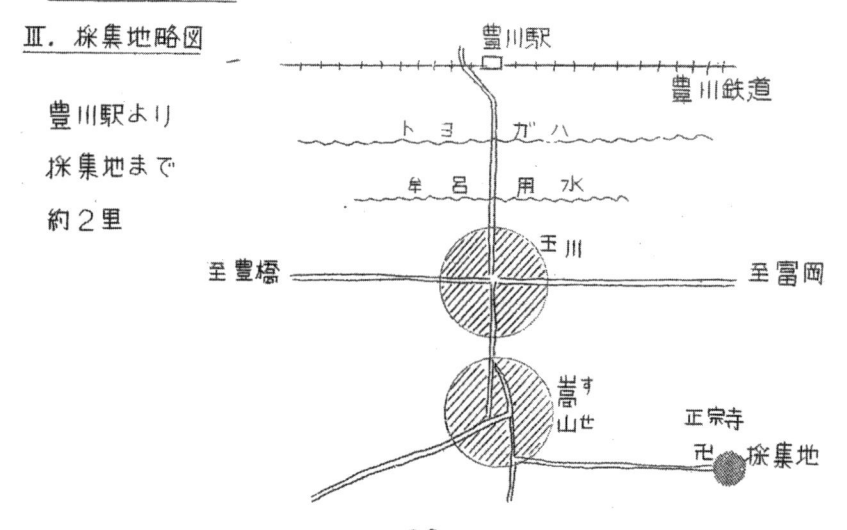

III. 採集地略図

豊川駅より採集地まで約2里

101. 石 英 岩

Ⅰ. 産　　地 ———— 丹羽郡池野村富士　尾張富士頂上及其の附近
Ⅱ. 岩石解説
　1. 合　　分 ———— 石英粒の集合体
　2. 肉眼的鑑別 ———— 山の中腹以上は多く石英岩である。其の間に変質粘板岩（黒色で堅く層状）も僅かに認められる。白色赤色緑灰色等各色，脆く稍半透明，硅酸質，多少キラキラする部分がある。熱の作用をうけたるか，層状，表面風化し居れり。土壌化してをる部分も認められる。斯る部分は軟い。領家片麻岩中の石英の感じがする。
　3. 岩石大別 ———— 水成岩
　4. 化学的岩石大別 ———— 酸性岩
　5. 出来た時代 ———— 秩父古生層上中部の時代
　6. 分布区域 ———— 狭い（池野村全体よりすれば広い）
　7. 採集可否及注意 ———— 神様のこと故少しく遠慮せられては如何
　8. 生成する土壌 ———— 石英岩質礫質壌土
　9. 用　　途 ———— なし
Ⅲ. 採集地略図 ———— 尾張富士西側登山路（富士部落よりの登リ口）約8合目附[※]

※近より露出し山頂近く最も良く認めらる

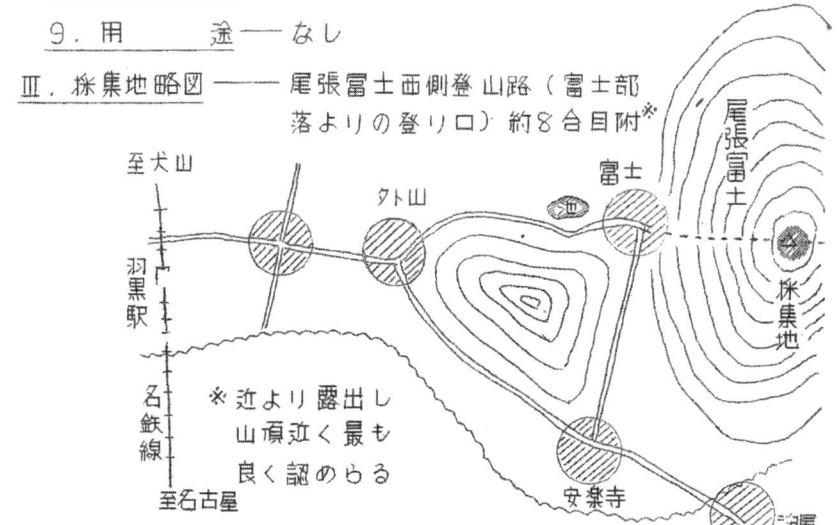

102. 石英岩

I. 産　　　地 —— 丹羽郡池野村入鹿御殿屋敷　郷川岸

II. 岩石解説

　1. 成　　　分 —— 主—石英粒の集合体

　　　　　　　　　副—有機物其他の鉱物混在呈色す.

　2. 肉眼的鑑別 —— 露出の状況, 薄い層, 之れが互層, 層状明瞭
　　　岩石の傾斜走向を測定するのに好都合な程である。水成岩
　　　なるを思はせる, 褐色, 紫色, 黝色等で美しい, 硅酸質,
　　　堅硬, 梢半透明, 脆弱, 一見石英岩なることをうなづかす
　　　介殻状断口を認む。緻密質

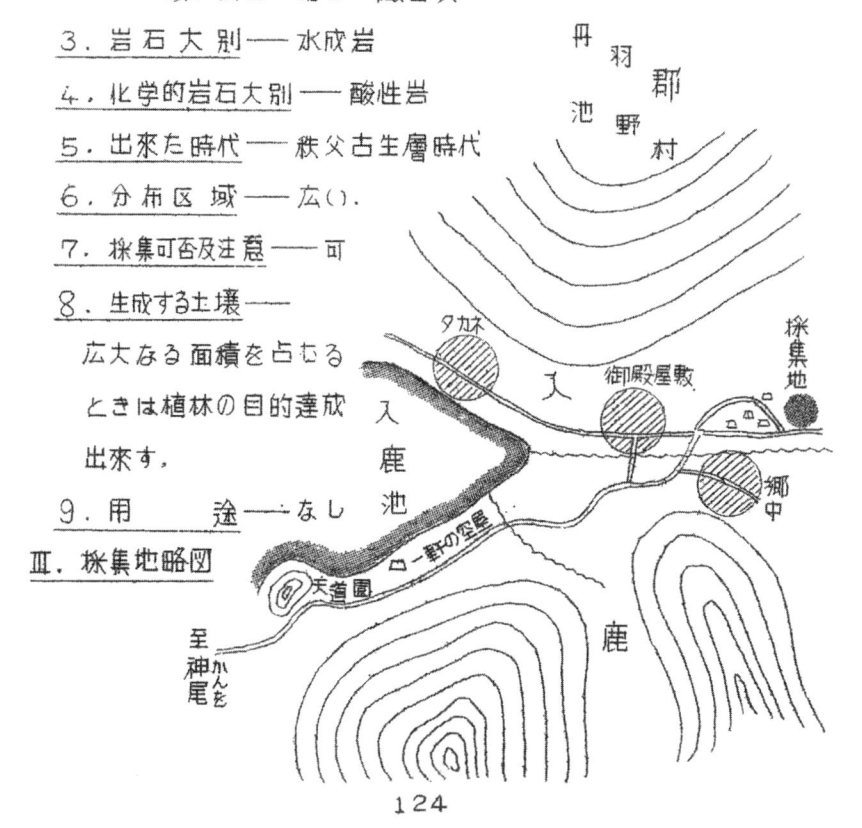

　3. 岩石大別 —— 水成岩

　4. 化学的岩石大別 —— 酸性岩

　5. 出來た時代 —— 秩父古生層時代

　6. 分布区域 —— 広い.

　7. 採集可否及注意 —— 可

　8. 生成する土壌 ——
　　　広大なる面積を占むる
　　　ときは植林の目的達成
　　　出來す.

　9. 用　　　途 —— なし

III. 採集地略図

103. 石英岩

I. 産　　地 ——— 丹羽郡犬山町犬山城下木曽川岸

II. 岩石解説
  1. 合　　分 — 主　石英
     副　多少の有機物又は有色鉱物
  2. 肉眼的鑑別　片状, 褶曲著しく其の状壮観にして硬度高き石英岩の如きが見事に褶曲せられた様を見る。尚褶曲の例は對岸城山荘の川に接せる所にも見られる。各色（赤色, 淡赤, 両者混, 又淡黄等）緻密, 介殻状断口, 堅硬, 脆くて割れ易く從って標本採集困難である。剥状完全, 硝子光沢を有する。
  3. 岩石大別 —— 水成岩
  4. 化学的岩石大別　酸性岩
  5. 出來た時代 —— 上中部秩父古生層の時代
  6. 分布区域 —— 広い。犬山町より栗栖方面にかけて木曽川に面せる山は殆どこれである。
  7. 採集可否及注意　差支なきも鉄槌にての採集困難である。美観を損せぬ様に注意してほしい。
  8. 生成する土壌 —— 砂土又は礫質（砂質）壌土
  9. 用　　途 —— なし

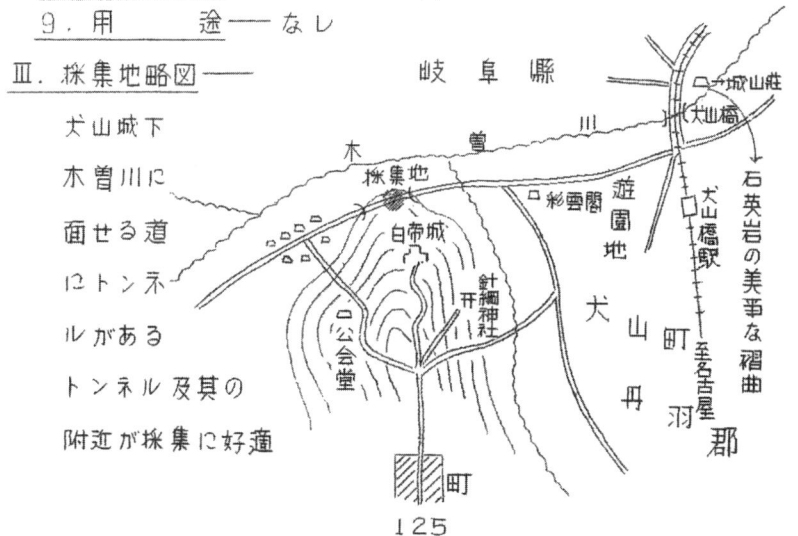

III. 採集地略図 ——

犬山城下木曽川に面せる道にトンネルがあるトンネル及其の附近が採集に好適

104. 紫色石英岩

I. 産　　地 ── 丹羽郡犬山町内田　名古屋水道取水口事務所下の木曽川岸

II. 岩石解説

　1. 合　　分 ── 石英

　2. 肉眼的鑑別 ── 紫褐色，硅酸質，玻璃光沢を呈し，打つた痕が小さく割れてヒビが入り脆弱さを思はせる。又割れたあとは凹凸甚し。岩体中に無色透明又白色の石英の筋がある水成なるを思はせる。以上よりして一見石英岩なるの感を与ふる。ラヂオラリヤ硅板岩によく似て居るも色外観等を比較して区別が出来る。不老閣より上へ木曽川に沿ひて約1町位の地点右側（山側）に石垣あり。此の石垣中にもある。

　3. 岩石大別 ── 水成岩

　4. 化学的岩石大別 ── 酸性岩

　5. 出来た時代 ── 上中部秩父古生層の時代

　6. 分布区域 ── 木曽川沿岸に発達す。

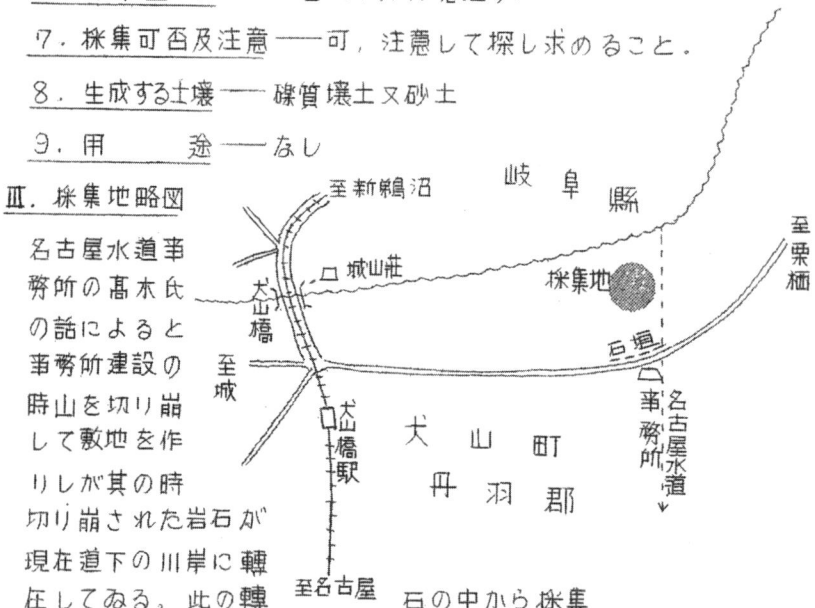

　7. 採集可否及注意 ── 可，注意して探し求めること。

　8. 生成する土壌 ── 礫質壌土又砂土

　9. 用　　途 ── なし

III. 採集地略図

名古屋水道事務所の髙木氏の話によると事務所建設の時山を切り崩して敷地を作りしが其の時切り崩された岩石が現在道下の川岸に轉圧してゐる。此の轉石の中から採集

105. 黒色石英岩

Ⅰ. 産　　地 ── 丹羽郡城東村栗栖　栗栖渡し

Ⅱ. 岩石解説

　1. 成　　分 ── 石英

　2. 肉眼的鑑別 ── 黒色（有機物に原因す）板状　堅硬　脆弱
　　緻密　介殻状断口　玻璃光沢（多少とも）半透明の感があ
　　る．他の岩石と互層をなす．

　3. 岩石大別 ── 水成岩

　4. 化学的岩石大別 ── 酸性岩

　5. 出來た時代 ── 上中部秩父古生層の時代

　6. 分布区域 ── 他岩と互層をなして好露
　　出がある．狹いけれども

　7. 採集可否及注意 ── 可，採集容易ならず

　8. 生成する土壌 ── 礫質壌土

　9. 用　　途 ── なし

Ⅲ. 採集地案内 ── 栗栖の渡の川原
　　にて採集

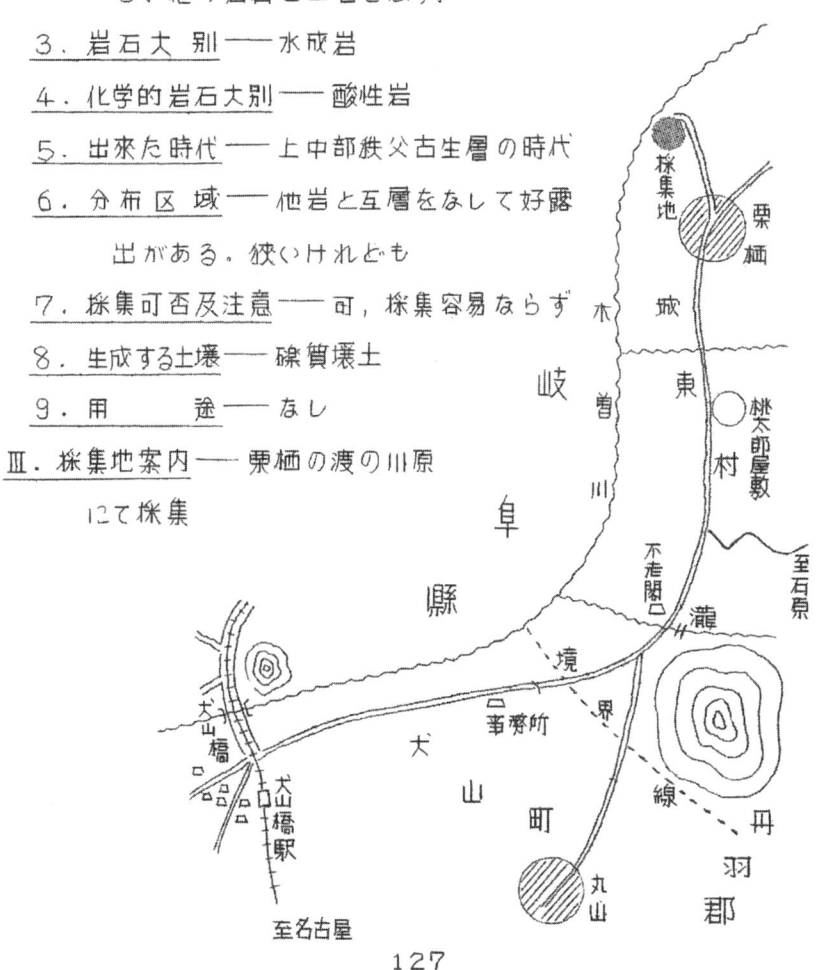

106. 角 礫 岩

Ⅰ. 産　　　地 ── 八名郡七郷村大字能登瀬　製材所附近

Ⅱ. 岩石 解 説

　1. 成　　　分 ── 流紋岩の角礫を石英質物で膠結す

　2. 肉眼的鑑別 ── 新鮮なるものは流紋岩の角礫の集合物なることで鑑別し得られる。且色は灰白色、極めて堅硬で採集困難である。

　3. 化学的岩石大別 ── 酸性岩

　4. 出來た時代 ── 三紀層の時代

　5. 岩 石 大 別 ── 水成岩

　6. 分 布 区 域 ── 道路の改修に伴ひ手頃に破砕せられたる物道下に累々としてある。

　7. 採集可否及注意 ── 可、容易に採集出來る。

　8. 生成する土壤 ── 流紋岩の風化して出來た土壤に類似

　9. 用　　　途 ── 雜用　其他

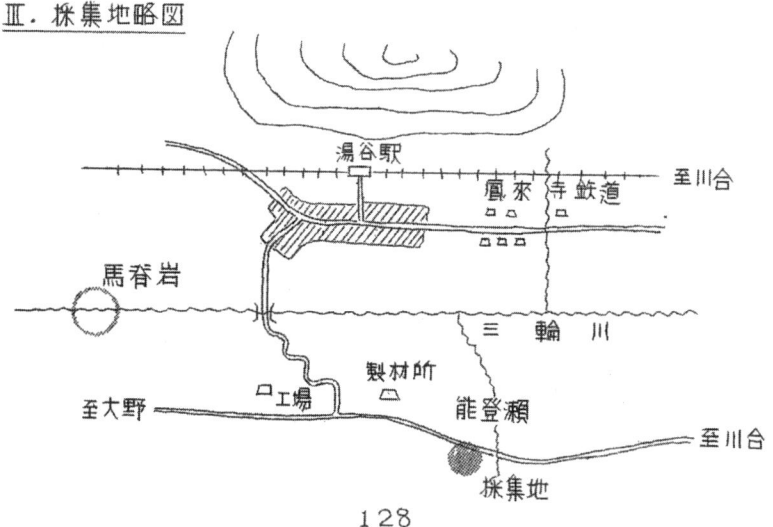

Ⅲ. 採集地略図

107. 礫　岩

Ⅰ. 産　　地 ── 八名郡山吉田村大字阿寺七滝及其の附近
Ⅱ. 岩石解説
　1. 成　　分 ── 礫と泥
　2. 肉眼的鑑別 ── 礫は硬砂岩のもの多く，他は古生層のものである。之れを膠結してゐる物は輝緑凝灰岩の泥其他の岩石のどろを以て之れ等礫を膠結して居る。出來たのは第三紀なれども膠結せられてゐる礫が古生層のものであることは第三紀の他の礫岩に比して特異なる点である。紫褐色をなし特異な外貌をなす。圓礫
　3. 出來た時代 ── 設楽第三紀層の時代
　4. 岩石大別 ── 水成岩
　5. 分布区域 ── 七滝附近より細川の奥まで続く
　6. 採集可否及注意 ── 可，天然記念物に指定されて居る故，滝の附近では採集出來ぬ．
　7. 用　　途 ── 別になし．
Ⅲ. 採集地略図

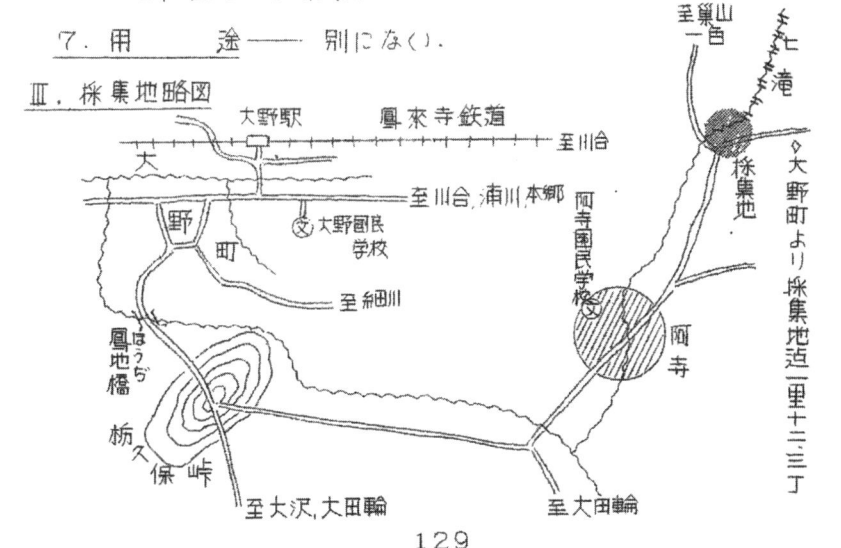

108. 礫岩

Ⅰ. 産　　地 —— 丹羽郡城東村善師野寺洞(てらぼら)　前田長太郎氏宅附近

Ⅱ. 岩石解説

　1. 成　　分 —— 礫の膠結物

　2. 肉眼的鑑別 —— 礫（新火山岩の礫，円味を帯び大小粒種々）

　　を泥質物で膠結してゐる。相当に硬く採集も容易でない。

　　且つ風化甚だしく新鮮なものの採集は更に容易でない。

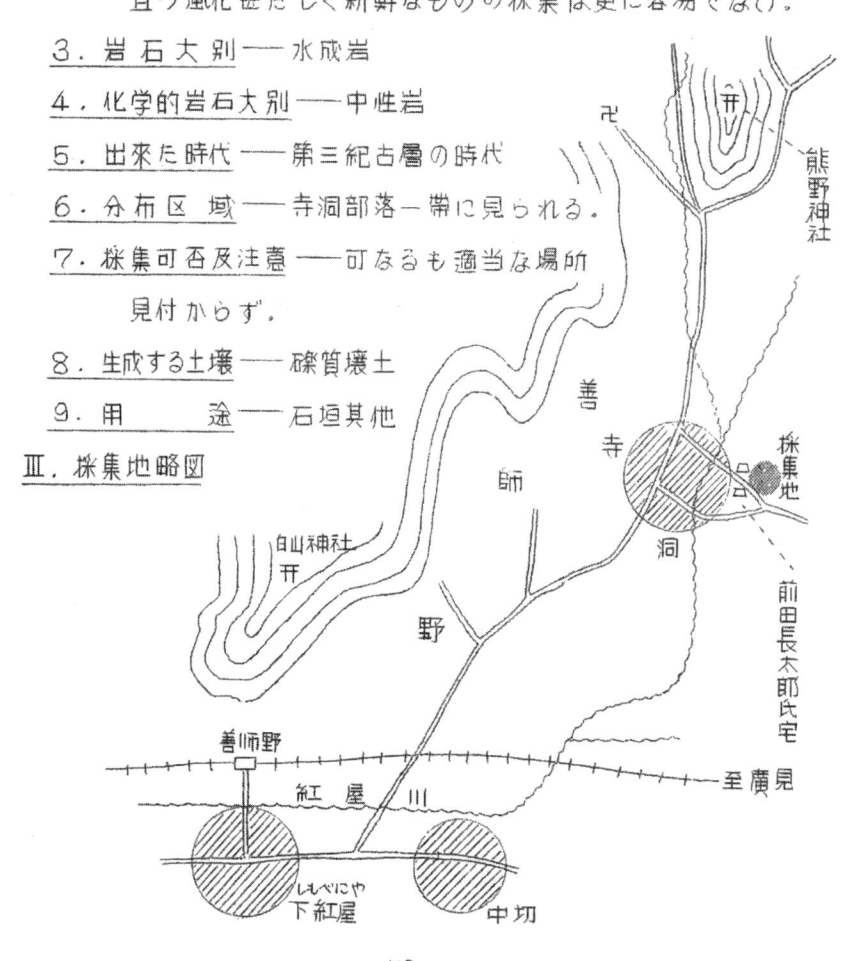

　3. 岩石大別 —— 水成岩

　4. 化学的岩石大別 —— 中性岩

　5. 出來た時代 —— 第三紀古層の時代

　6. 分布区域 —— 寺洞部落一帯に見られる。

　7. 採集可否及注意 —— 可なるも適当な場所

　　見付からず。

　8. 生成する土壤 —— 礫質壤土

　9. 用　　途 —— 石垣其他

Ⅲ. 採集地略図

109. 礫　岩

Ⅰ. 産　　　地 ── 丹羽郡池野村富士　部落入口右側路傍小山
　　　　　　　　　　　　　　　　　　　　　　　　　切取場
Ⅱ. 岩石解説
　1. 成　　分 ── 礫を砂質物や粘土質物で不充分乍ら膠結す。
　2. 肉眼的鑑別 ── 礫（主として石英岩 ─ 赤,灰白,白,黒,アメ色,黄赤
　　　　色等 ─ の小さい礫）を密に砂質物, 粘土質物で膠結。膠結
　　　　充分ならずツルハシで耕起すれば出来る程度の軟かさであ
　　　　る。層状。頁岩層砂岩層の下に位置す。厚さ約6-7尺
　　　　（地上で）
　3. 岩石大別 ── 水成岩
　4. 出来た時代 ── 第三紀新層の時代
　5. 分布区域 ── 廣い
　6. 採集可否及注意 ── 可　膠結不充分故採集出来るか？
　7. 生成する土壌 ── 礫質の壌質埴土
　8. 用　　途 ── なし

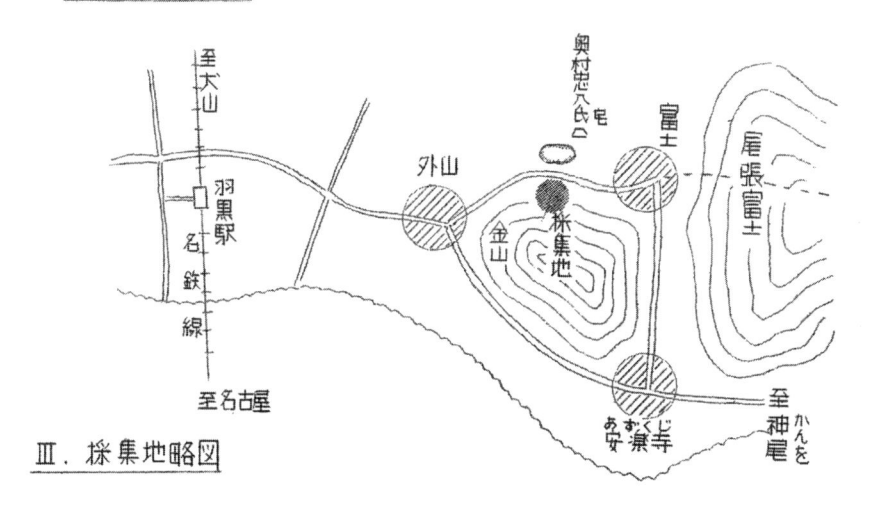

Ⅲ. 採集地略図

110. 凝灰質頁岩

I. 産　　地――南設楽郡鳳來寺村玖老勢分野川岸
　　　　　　　　　　　　　　　　　くろぜ　ふんのがは

II. 岩石解説

　1. 成　　分――泥と火山灰との膠結物

　2. 肉眼的鑑別――成層状況をなす、灰白色で、手で触れた感じ
　　　　は極めて平滑である。白味がかつた所は火山灰であらう、
　　　　砂粒らしき物を混在せる物もある。

　3. 化学的岩石大別――基性岩

　4. 出來た時代――設楽第三紀層

　5. 岩石大別――水成岩

　6. 分布區域――川岸及川床に露出す。

　7. 採集可否及注意――容易である。但し一應其の附近の人に採
　　　　集許可を受くる必要がある。

　8. 生成する土壌――埴土となるも此の岩石の風化物のみで土壌を
　　　　構成することはなく他岩のそれが混合して構成する。

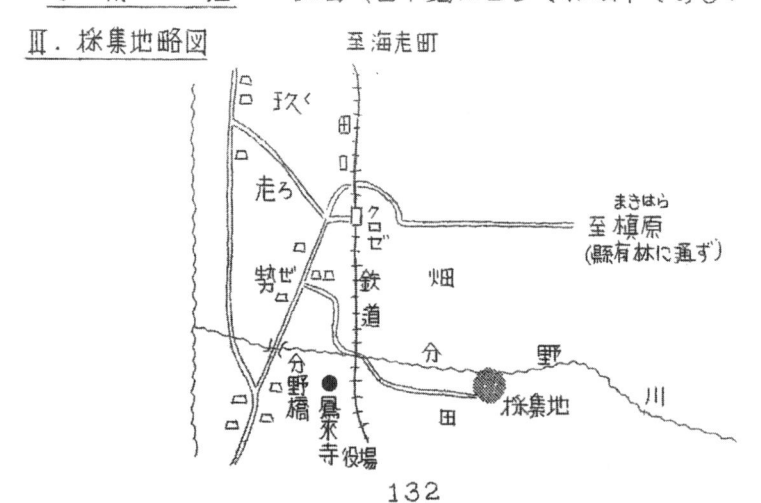

　9. 用　　途――砥石（目下砥石として採堀中である）

III. 採集地略図

111. 砂質頁岩 （含化石）

Ⅰ. 産　　地 ―― 丹羽郡城東村善師野寺洞熊野神社裏附近

Ⅱ. 岩石解説

1. 合　　分 ―― 羊歯の化石並に濶葉樹（ケヤキ）の葉の化石

2. 肉眼的鑑別 ―― 露出の状況を見るに略、水平で他の礫岩等と互層をなしてゐる。灰白色で質餘り堅硬ならず、手で触った感じは砂岩より細く頁岩に比べて少しくザラつく。ザラつく中に細い泥をなぜる感じがする。砂岩と区別出来る点含羊歯の化石。而して乾くと表面から不規則に小さき片状に割れるの状が見られる。この割れ方は頁岩の通性である。（鱗脱）

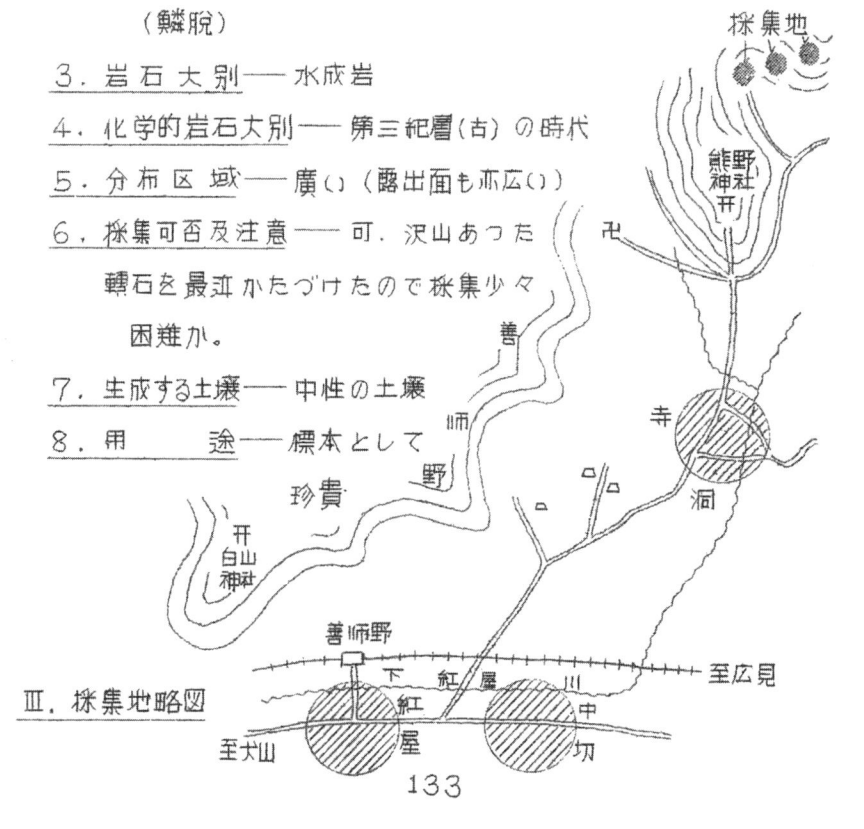

3. 岩石大別 ―― 水成岩

4. 化学的岩石大別 ―― 第三紀層（古）の時代

5. 分布区域 ―― 廣い（露出面も亦広い）

6. 採集可否及注意 ―― 可．沢山あった轉石を最近かたづけたので採集少々困難か。

7. 生成する土壌 ―― 中性の土壌

8. 用　　途 ―― 標本として

Ⅲ. 採集地略図

112. 砂質頁岩

Ⅰ. 産　　　地 ── 北設楽郡田口町清崎　与良木峠頂上

Ⅱ. 岩石解説

　1. 成　　　分 ── 泥質物と砂との混合物

　2. 肉眼的鑑別 ── 全部細い砂と泥との集合体である。而して砂の集合せる部分は触れて見、肉眼で見て砂分の集合せるのを認めることが出来る。又泥質物の部分は、色は幾分ネズミ色で斑入りの状況を見ることが出来る。全体が泥質物と細砂との混合物である。

　3. 化学的岩石大別 ── 中性岩

　4. 出來た時代 ── 設楽第三紀層

　5. 岩石大別 ── 水成岩

　6. 分布区域 ── 広い（層状の構造である故）

　7. 採集可否及注意 ── 採集出來る。

　8. 生成する土壌 ── 中性の土壌又は砂質壌質埴土

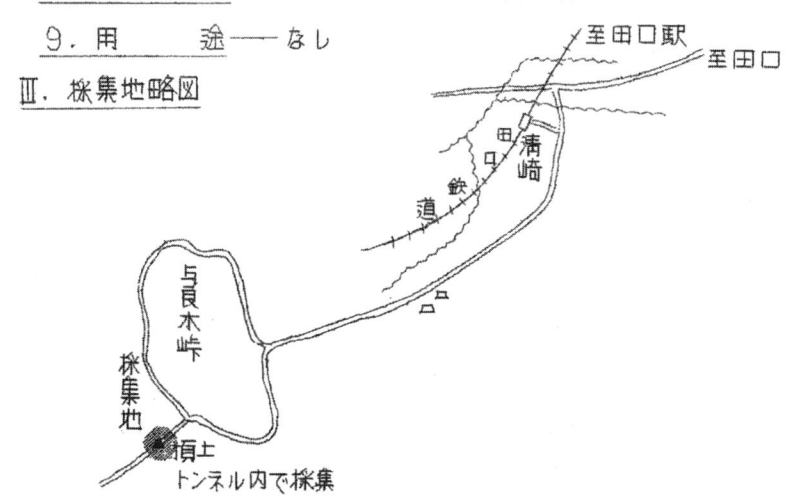

　9. 用　　　途 ── なし

Ⅲ. 採集地略図

113. 砂質頁岩 （化石を含む）

I. 産　　地 ——— 南設楽郡海老町連合　連谷学校附近新道側

II. 岩石解説

1. 合　　分 —— 泥と砂との膠結物
2. 肉眼的鑑別 —— 成層，灰白色　質堅硬ならず手で触つた感じは頁岩に比べて少しくザラザラする。化石はシジミ貝の種類で丁度貝の二枚が開いた形で珍とするに足る。且つ砂曽頁岩中の化石は珍貴である。何となれば稀少であるからである。
3. 化学的岩石大別 —— 中性岩
4. 出來た時代 —— 設楽第三紀層
5. 岩石大別 —— 水成岩
6. 分布区域 —— 露出面狭し　頁岩に接して露出す。
7. 採集可否及注意 —— 採集容易である。露出せる物の採集容易
8. 生成する土壌 —— 壌土と埴土との中間の土壌（中性の土壌）
9. 用　　途 —— なけれども化石を含むので珍である。

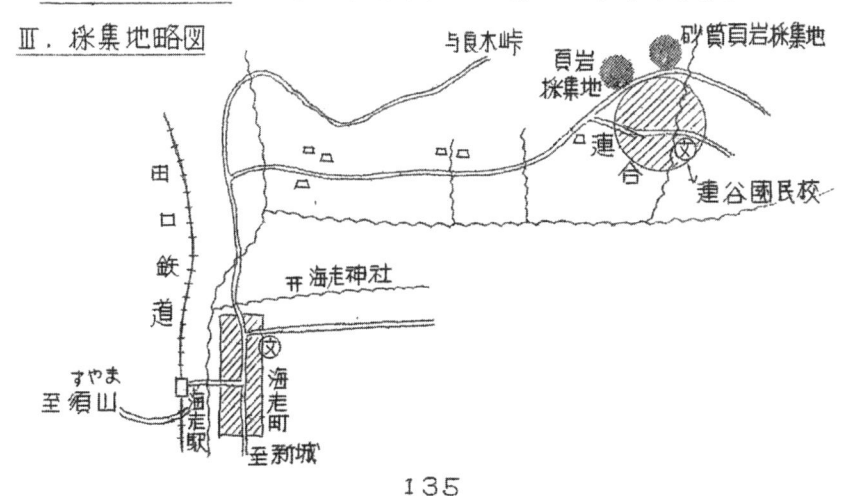

III. 採集地略図

114. 砂質頁岩 （化石を含む）

Ⅰ. 産　　地 —— 南設楽郡海老町連合字方瀬(ほうぜ)の裏山

Ⅱ. 岩石解説

1. 合　　分 —— 泥と砂との膠結物
2. 肉眼的鑑別 —— 青色（セメント様の色）軟く、薄く剝げる。乾けば不規則に割れる性質がある。この中を通った水は乾くと白いものが残る。依って頁岩と決定が出来る。化石を含有する。シジミ貝の種類である。
3. 化学的岩石大別 —— 中性岩に近い。
4. 出来た時代 —— 設楽第三紀層
5. 岩石大別 —— 水成岩
6. 分布区域 —— 廣い（露出面も相当に廣い）
7. 採集可否及注意 —— 容易である。化石も可成り沢山に含有す。
8. 生成する土壌 —— 壌質埴土
9. 用　　途 —— 化石を含むので珍貴である。

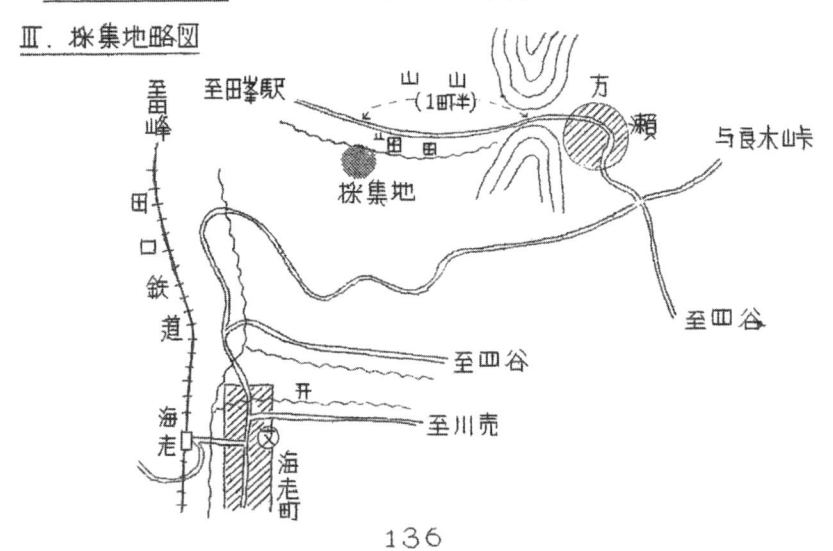

Ⅲ. 採集地略図

115. 頁 岩

I. 産　　地 —— 南設楽郡長篠村大字富栄字寺林

II. 岩石解説

1. 成　　分 —— 主 — どろの膠結物
　　　　　　　　副 — 黄鉄鉱

2. 肉眼的鑑別 —— 黒色灰色の部分もある。層状又は球状の部分（葱皮状構造）もある。中に黄白色金属光沢を有する黄鉄鉱を可成り沢山に含有する。流紋岩漿の熱の作用を受けて鉄分が斯く結晶して黄鉄鉱を生じたる物なるべし。黄鉄鉱の存在はこの頁岩と他岩との接触を物語るものである。接触変質で硬化してをる。

3. 化学的岩石大別 —— 基性岩

4. 出来た時代 —— 設楽第三紀層の時代

5. 岩石大別 —— 水成岩

6. 分布区域 —— 狭い.

7. 採集可否及注意 —— 可．採掘場がある。之れを採掘して硯を製造してをる。そのつもりで採集せられたい．採集容易

8. 生成する土壌 —— 埴土

9. 用　　途 —— 硯（金鳳石と称して）製造

III. 採集地略図

116. 頁　岩

I. 産　　地 —— 南設楽郡鳳來寺村大字門谷　鳳來寺駅附近

II. 岩石解説

1. 成　　分 —— 花崗岩又は領家片麻岩より來りたるものと見ゆる泥土と石灰質泥土

2. 肉眼的鑑別 —— 勵灰又は勵黒色にして破砕面は粗である。硬度低く容易に傷く。其の傷面は灰色である。

3. 化学的岩石大別 —— 基性岩

4. 出來た時代 —— 第三紀　但し幾分將解変質状態にある。

5. 岩石大別 —— 水成岩

6. 生成する土壤 —— 埴土（之れのみで土になることは少ない）

7. 用　　途 —— なし。

III. 採集地略図

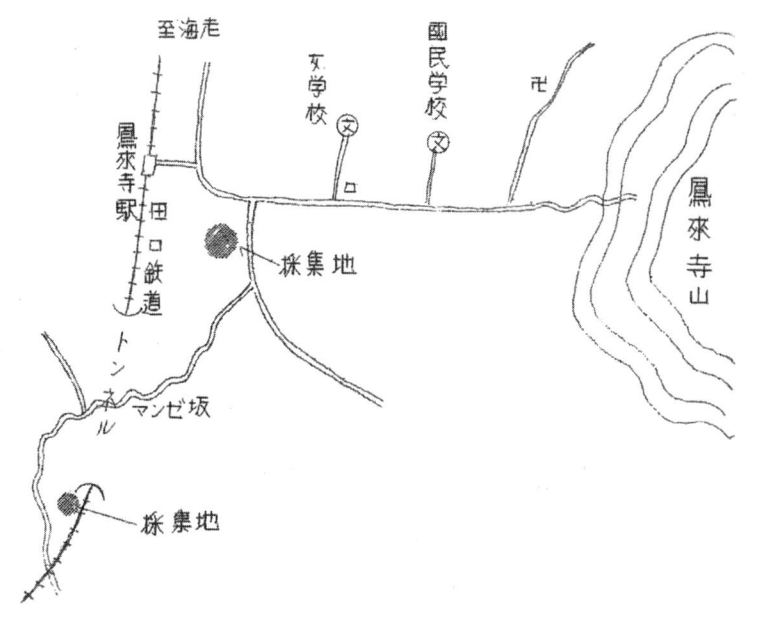

117. 頁岩(けつがん)

Ⅰ. 産　　地　――― 南設楽郡鳳來寺村大字門谷鳳來寺山附近
　　　　　　　　――― 八名郡大野町大野橋下の板敷川床

Ⅱ. 岩石解説

　1. 成　　分 ――― 第三紀以前の岩石の粘土質物
　　　　　　　　　　有機物混入の為め黒色である。

　2. 肉眼的鑑別 ――― 細微なド口の塊りで、黝黒色で成層岩である。

　3. 化学的岩石大別 ――― 基性岩

　4. 出來た時代 ――― 設楽第三紀層

　5. 岩石大別 ――― 水成岩

　6. 生成する土壌 ――― 頁岩質埴土（単独に土壌を構成することはな
　　（い）

　7. 用　　途 ――― 硯　其他雑用

Ⅲ. 採集地略図

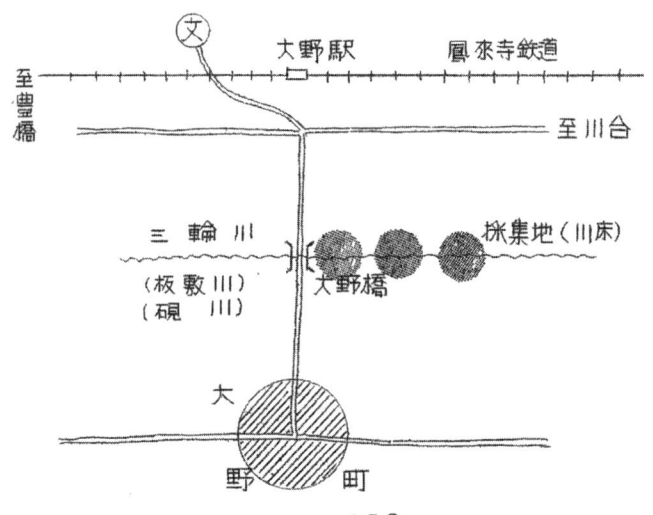

118. 頁　岩

I. 産　　地——丹羽郡池野村富士　部落入口右側山切取場附近

II. 岩石解説

1. 成　　分——ドロの膠結せるもの

2. 肉眼的鑑別——灰白色,樺色,黄色,黄褐色等,指間で圧した感じは細かく従つてつるつるし,粘力がある,如何にも粘土をなぜる感じ,軟い,即粘土を水でこねて,之れを硬くねり上げた程度の硬さ,充分に硬結してをらず,粘土状之れでも岩石である。層状明である。非晶質で水成岩の特徴を具へて居る。乾くと小さく割れてボロボロとなる。層の厚さ3尺,礫層砂層の上部を占め,互層をなす。

3. 岩石大別——水成岩

4. 化学的岩石大別——中性又は基性岩

5. 出來た時代——第三紀新層の時代

6. 分布区域——廣い　池野村の各所に見る

7. 採集可否及注意——可（奥村忠八氏の瓦原料採取場になつて居る）

8. 生成する土壌——中性又は埴質の土壌

9. 用　　途——瓦の製造原料

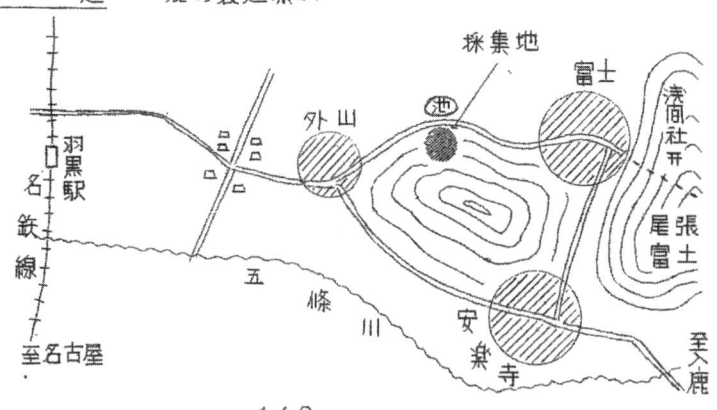

119. 頁　　岩　（化石を含む）

Ⅰ. 産　　　地 —— 南設楽郡海老町連合与良木峠南側

Ⅱ. 岩石解説

1. 合　　　分 —— 泥質物（ドロと石灰）と貝の化石
2. 肉眼的鑑別 —— 頁岩自身に風化して鉄分が水酸化鉄となりて標本に見るが如くに赤褐色を表すものである。尚又頁岩の割れ目に他の岩石の風化に成る鉄分が浸入して水酸化鉄を生じて赤褐色を呈する場合もある。貝の化石を含有する。
3. 化学的岩石大別 —— 基性岩か
4. 出來た時代 —— 設楽第三紀層
5. 岩石大別 —— 水成岩
6. 分布区域 —— 廣い。化石を含む所は狭い。
7. 採集可否及注意 —— 採集容易である。化石も比較的新鮮なものが得られる。
8. 生成する土壌 —— 頁岩質埴土
9. 用　　　途 —— 化石を含む故に学問的に多少價値がある。

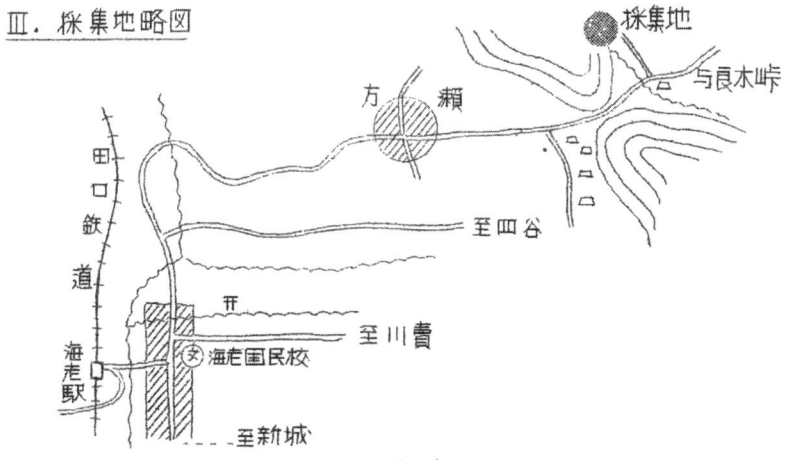

Ⅲ. 採集地略図

120. 頁　岩

Ⅰ. 産　　地 ——— 丹羽郡城東村善師野字野出洞　サバ採取場
Ⅱ. 岩石解説

1. 合　　分 —— 泥土, 粘土, 其他多少の砂の沈澱物
2. 肉眼的鑑別 —— 露出の状況を見るに砂岩の上層に頁岩層がある。砂質をおぶるも熊野神社裏の砂質頁岩よりは砂質の程度低き様に思はれる。風化乾燥して小さく砕けてボロボロと剥落してをる。頁岩の一特徴である。灰褐色, 其の附近の人々は風化細小物をサバと称し細い所を田に入れて肥料として居られる。又此の岩層中より牛?(哺乳動物)の化石を掘り出して名古屋の学校(女子師範?)へ車に一杯つめて持参せし記録あり。硅化木も挟在, 炭化の程度の低い石炭層も亦露出して居る。
3. 岩石大別 —— 水成岩
4. 化学的岩石大別 —— 中性岩
5. 出来た時代 —— 第三紀層(古)の時代
6. 分布区域 —— 広い(露出面積も広い)
7. 採集可否及注意 —— 可, 風化して困難
8. 生成する土壌 ——
　　中性の土壌
9. 用　　途 ——
　　肥料代用, 其他

Ⅲ. 採集地略図
　　善師野駅より約1丁半

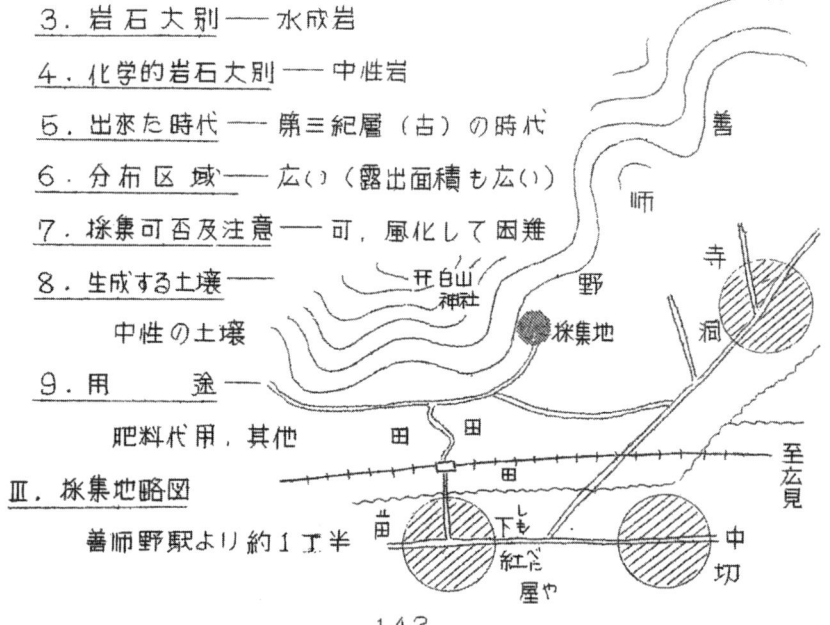

121. 泥 灰 岩

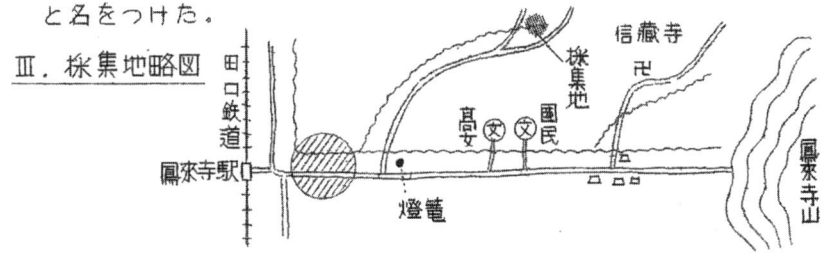

Ⅰ. 産　　地——南設楽郡鳳來寺村大字門谷
Ⅱ. 岩石解說
　1. 合　　分——泥土,少量の砂,又少量の白雲石片（顯微鏡的）
　2. 肉眼的鑑別——白雲石の存在等は顯微鏡的である。暗灰色にして層狀完全なり,層の厚薄は一定せず,緻密なる部分は不完全乍ら介殼狀の破碎面あり。
　3. 化学的岩石大別——酸性岩
　4. 岩石大別——水成岩
　5. 出來た時代——第三紀層（特に魚の化石を藏す）
　6. 生成する土壤——壤土
　7. 用　　途——硯　鳳來寺村門谷の製作販売品である硯に就きて其の來歴を述べる。往昔門谷には金鳳石と鳳鳴石との二種類の硯があつた。共に中絶して鳳鳴石のみ近時門谷の上の方の硯屋が甲州（甲斐）から來て再興した。大正三四年の頃に上の硯屋の弟子（下の硯屋の現代の父）名倉尚太郎氏が此の石を以て硯を製し,丸山喜兵衛氏に鳳鳴石硯より品質優良なり,何とか名はなきやとのことで果して優良なりや否や,名古屋書家の大家大島德太郎氏の鑑定を乞ひ茲に初めて金鳳石硯と名づけて金鳳石硯を再興せり。其後文学士後藤朝太郎氏來鳳,是れは昔の金鳳石とは違ふといふ所から他に金鳳石の材料を見出し,此の岩石には煙岩石硯と名をつけた。

Ⅲ. 採集地略図

122. 泥灰岩

I. 産　　地 —— 南設楽郡鳳來寺村大字門谷

II. 岩石解説

1. 成　　分 —— 粘土の膠結物, 白雲石混入す(顕微鏡的である)
2. 肉眼的鑑別 —— 黝灰色にして頁岩と見分け出來ず. 色はネズミ色又は濃いネズミ色をしてゐる. 即ち灰色各種化石(エドニシキ, 櫻貝, エビ, カニ, ウニ, 竹ノ子貝)を蔵する. 主として中生代及び新生代の岩石で其の時代の化石を含有することが多い. 一般には硬度は餘り高くない.
3. 化学的岩石大別 —— 酸性岩
4. 出來た時代 —— 設楽第三紀層
5. 岩石大別 —— 水成岩
6. 生成する土壌 —— 壌土
7. 用　　途 —— 鳳鳴石と称して硯石製造　赤間関の硯石と仝一の價値があると謂はれてゐる.

III. 採集地略図

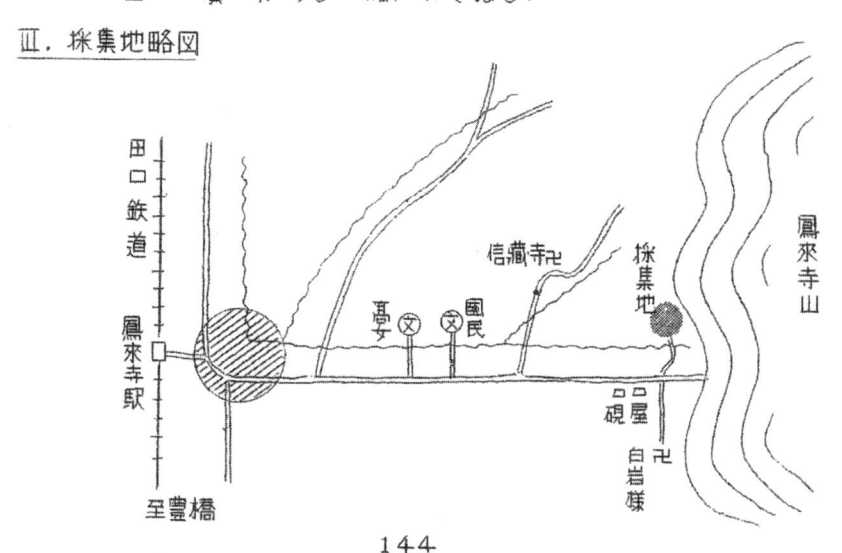

123. 砂　岩

Ⅰ. 産　　地 —— 南設楽郡鳳来寺村大字玖老勢

Ⅱ. 岩石解説

1. 合　　分 —— 砂（長石石英等の砂）を泥質物で膠結して居るのである。

2. 肉眼的鑑別 —— 砂粒を泥質物で膠結してゐる状況で砂岩と認めるのである。此の砂岩は化石を含めるものを一度も発見せられず、色は青色で硬度は低い。

3. 化学的岩石大別 —— 酸性岩

4. 出来た時代 —— 第三紀

5. 岩石大別 —— 水成岩

6. 生成する土壌 —— 砂質壌土、若くは壌土、砂岩を構成して居るものに依りて中性的の土壌までは構成することがある。

7. 用　　途 —— 極めて広く、建築石材（但し上等ではない）各種の石器類（石臼鳥居、地蔵尊、燈籠墓標等）軟くして光沢出ず為のに上等物は出来ぬ。

Ⅲ. 採集地略図

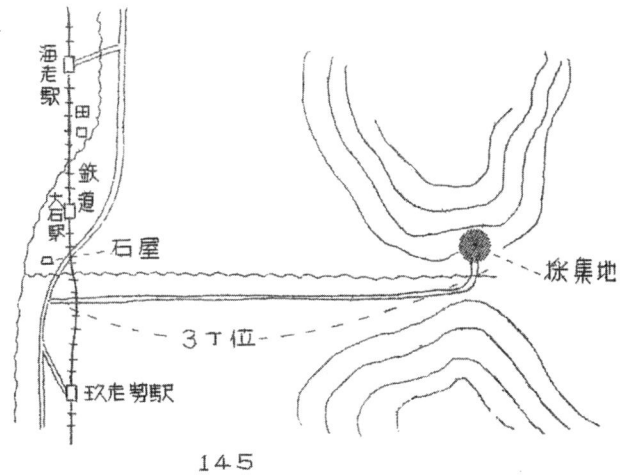

124. 砂 岩

I. 産　　地 —— 南設楽郡海老町連合　連谷國民学校附近切割

II. 岩石解説

1. 成　　分 —— 砂の膠結物

2. 肉眼的鑑別 —— 玖老勢の砂岩に比較して少々硬堅　砂を砂質物で膠結せる物である。白，黒，灰白の各細小なる砂粒の集合物で一見細粒状の花崗岩と謂つた感じである。ゴマ塩的　風化極めて速である。

3. 化学的岩石大別 —— 酸性岩

4. 出来た時代 —— 設楽第三紀層

5. 岩石大別 —— 水成岩

6. 分布区域 —— 狭い。

7. 採集可否及注意 —— 容易である。

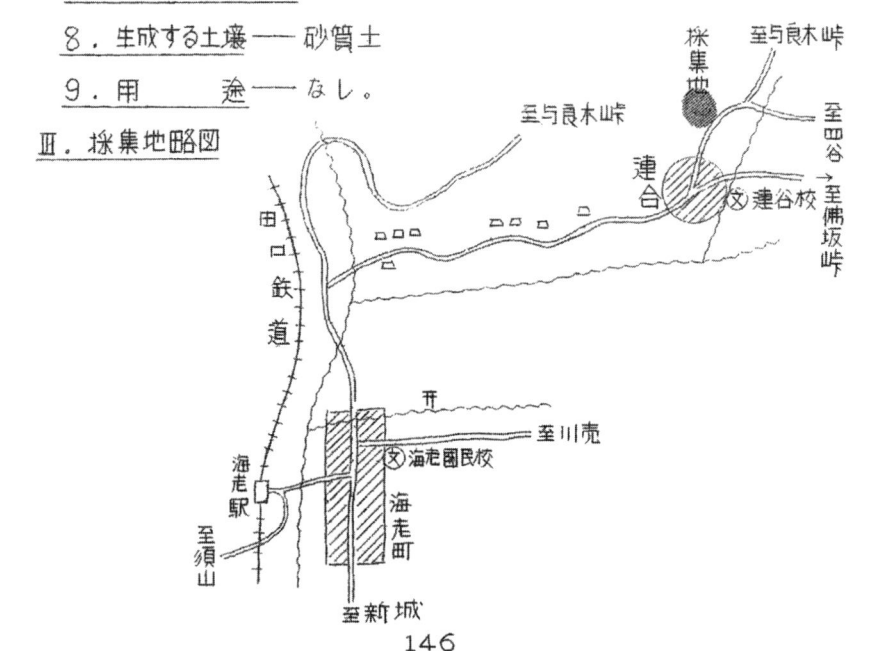

8. 生成する土壌 —— 砂質土

9. 用　　途 —— なし。

III. 採集地略図

125. 砂　岩

Ⅰ. 産　　地 ── 丹羽郡城東村善師野寺洞　前田茂男氏宅裏畑
ぎわ

Ⅱ. 岩石解説

1. 合　　分 ── 主－砂（石英粒）を泥質物で膠結

　　　　　　　　副－含植物化石

2. 肉眼的鑑別 ── 採集せる物は風化して変色、脆くなり新鮮な
砂岩の如くに観察し得ざれ共大体石英粒が粘土質物で膠結
せられたものであること，並粗粒であること等を観察し得
られる。尚鉄槌にて打つ時は相当に堅硬に感ず。多少粘
り気味もある。松の果実（毬果）？の化石と硅化木とを含有
せるものを発見採集した。
　風化せるの結果か色は黄灰色　指で撫る時はザラザラし，
砂岩たるを思はせる。層状に露出す。

3. 岩石大別 ── 水成岩

4. 化学的岩石大別 ── 酸性岩

5. 出来た時代 ── 第三紀層（古い）の時代

6. 分布区域 ── 善師野附近一帯に
亘りて分布す。

7. 採集可否及注意 ── 可なれども
風化甚しく新鮮なものゝ採集
困難である。

8. 生成する土壌 ── 砂土又は砂質壌土

9. 用　　途 ── 耐火性にとむ故
竈材，建築土台，石垣

126. 砂　　岩

Ⅰ. 産　　　地 —— 南設楽郡鳳來寺村大字門谷
Ⅱ. 岩石解説
　1. 成　　分 —— 石英砂と粘質物（火山灰質物もある）
　2. 肉眼的鑑別 —— 砂粒が肉眼で見分け得られ且つ砂を膠結して居る物も肉眼で見られる。即ち粒と粒とを膠結物で膠結して居ることを見分け得られる。
　　色は灰白色又は褐色味を帯んで居る。
　3. 化学的岩石大別 —— 酸性岩
　4. 出来た時代 —— 第三紀層
　5. 岩石大別 —— 水成岩
　6. 生成する土壌 —— 埴質壌土　又は砂土
　7. 用　　途 —— 石垣其他雑用
Ⅲ. 採集地略図

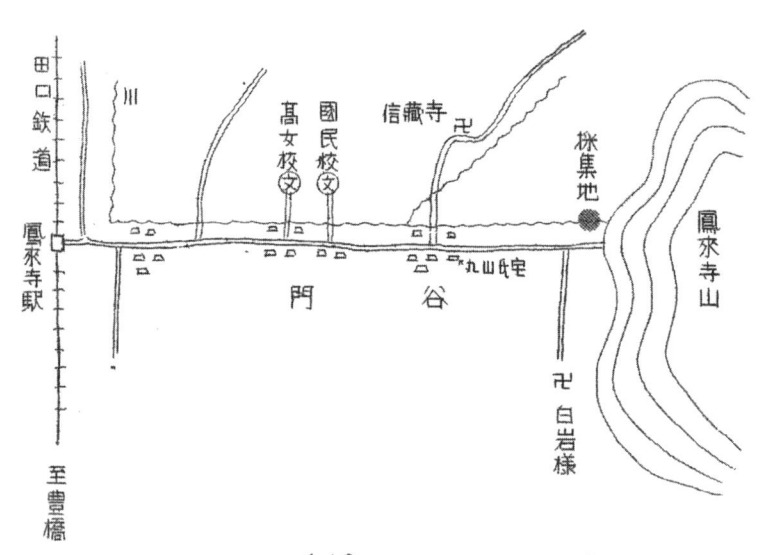

127. 砂　岩

I. 産　　地 ── 丹羽郡池野村富士　部落入口小山切取場

II. 岩石解説

　1. 成　　分 ── 砂質物を粘土質物で不充分乍ら膠結

　2. 肉眼的鑑別 ── 膠結不充分、従って鉄槌の先で堀りとることが出來るが又一面正形の標本もとり難い。即ち軟い故である。いまだ充分かたまつてをらず、同所で産する頁岩より大粒で撫るとザラザラする、ツルツルせず、大部分黄褐色、時に白斑、赤褐斑、層状、頁岩層の下、礫岩層の上に位置し、厚さ約六一七尺

　3. 岩石大別 ── 水成岩

　4. 化学的岩石大別 ── 中性岩

　5. 出來た時代 ── 第三紀新層の時代

　6. 分布区域 ── 狭い　池野村としては広い。

　7. 採集可否及注意 ── 可

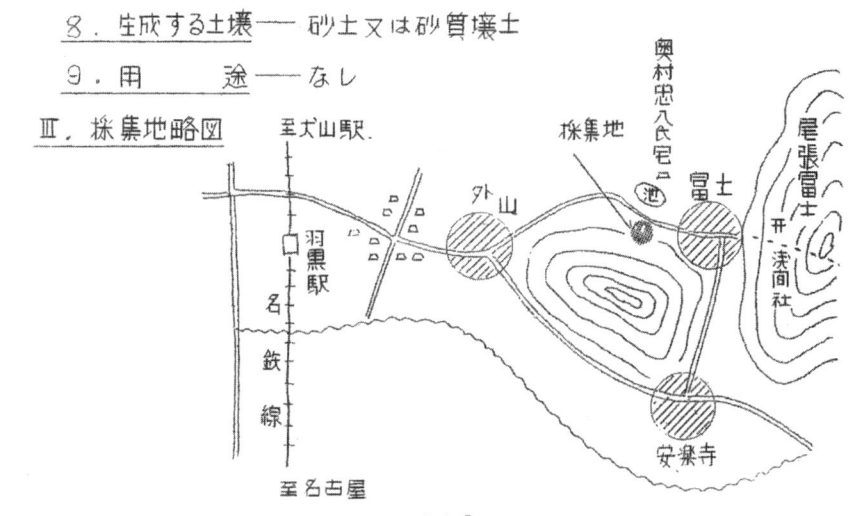

　8. 生成する土壌 ── 砂土又は砂質壌土

　9. 用　　途 ── なし

III. 採集地略図

128. 砂　岩

Ⅰ. 産　地 ── 南設楽郡鳳來寺村大字峰　マンゼ坂附近

Ⅱ. 岩石解説

　1. 成　分 ── 花崗岩又は領家片麻岩の砂を砂質物で膠結したものである。

　2. 肉眼的鑑別 ── 肉眼的には砂が固ったと見るより外に鑑定の方法がない。手で觸れて見ることが第一である。

　3. 化学的岩石大別 ── 酸性岩

　4. 出來た時代 ── 第三紀層

　5. 岩石大別 ── 水成岩

　6. 生成する土壌 ── 砂質壌土若しくは壌土

　7. 用　途 ── 建築石材

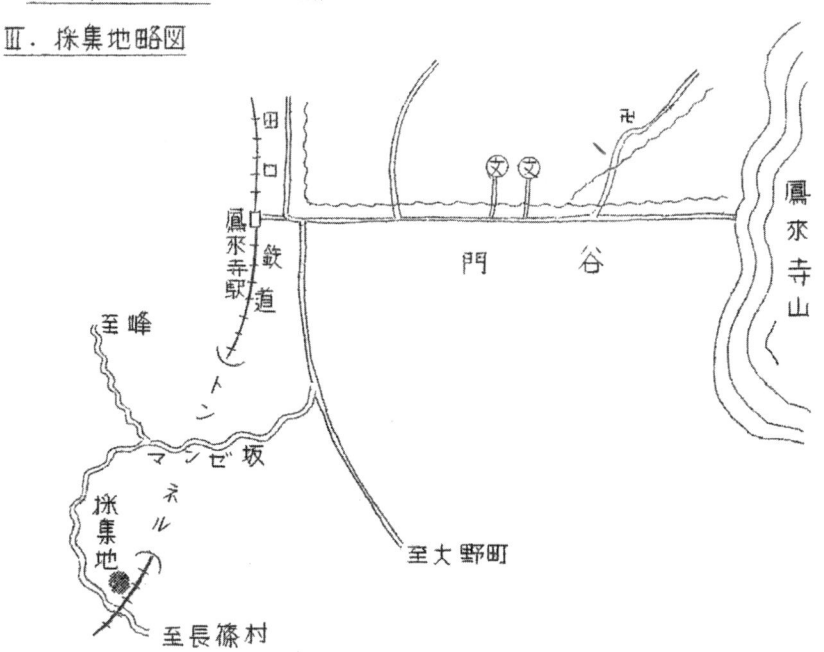

Ⅲ. 採集地略図

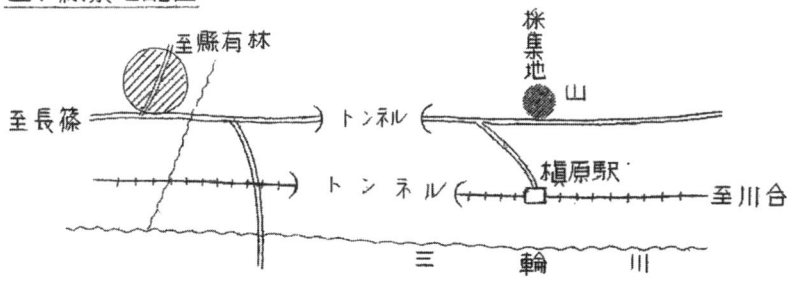

129. 流紋岩質凝灰岩

Ⅰ. 産　　地 —— 南設楽郡長篠村槙原駅附近
Ⅱ. 岩石解説
　1. 合　　分 —— 火山灰と石英片及正長石片
　2. 肉眼的鑑別 —— 灰白色にして塊状．太陽に照すと石英及長石片は部分的にキラキラと輝く．
　3. 化学的岩石大別 —— 中性岩？
　4. 出來た時代 —— 第三紀
　5. 岩石大別 —— 水成岩
　6. 生成する土壌 —— 中性若しくは塩質壌土
　7. 用　　途 —— 建築材　地方的に用途が廣い．
Ⅲ. 附　　言 —— 火山灰堆積当時全部水中に堆積するも餘分が沢山あり過ぎて水中外に大堆積が行はれそれがために天れ自身の熱と堆積の為の圧力により生ずる熱のため火山灰中の長石の部分或は石英の部分が一所に集合して長石ともなり，又石英ともなつた．

尚述ぶれば鳳來寺塊状火山が成生當時は海中であつて流紋岩漿が急激の冷却の為めに眞珠岩或は松脂岩が出來た．而して火山灰を伴はぬ筈であるのに此の凝灰岩は何れより來りたる火山灰であるか疑問に値すると反問する方あり，左な次第であるが鳳來寺火山噴出は單に一回の噴出に止まらず長き間に數回くり返へされたるものにて其の間にありて特に火山灰を伴うて大噴出をした時代があつたものと認むることが出來るのである．

Ⅲ. 採集地略図

130. 流紋岩質凝灰岩

I. 産　　地 ―― 北設楽郡三輪村川合乳岩(ちいは)

II. 岩石解説

1. 合　　分 ―― 主―火山灰　副―マンガン附着す。
2. 肉眼的鑑別 ―― 白色，脆く，軽く，凝灰質である。表面を指で撫る時は滑である。即ち細粉をなぜる感じである。割目に沿うて樹枝状マンガンが附着してゐる。
3. 化学的岩石大別 ―― 酸性岩に近い。
4. 出来た時代 ―― 設楽第三紀層の時代
5. 岩石大別 ―― 水成岩
6. 分布区域 ―― 広い。
7. 採集可否及注意 ―― 可。(乳岩附近で之れを採堀して川合駅より瀬戸市へ送附してゐる。)
8. 用　　途 ―― 磁器の原料

III. 採集地略図

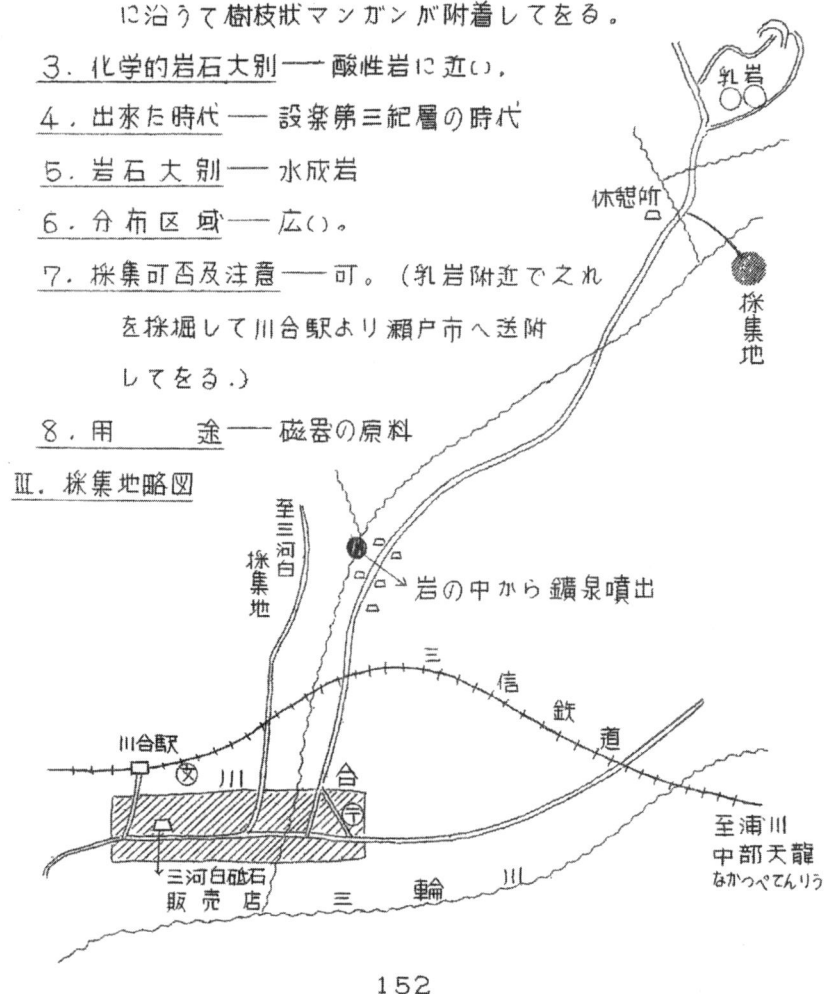

131. 凝灰岩

I. 産　地 ── 北設楽郡三輪村大字川合

II. 岩石解説

1. 成　分 ── 火山灰．然れども金と硫化物との鉱染作用に依りて硬化して居る。本質を失ふ

2. 肉眼的鑑別 ── 岩石としての鑑別は変質して居る故に出來ぬ但し鉱染して居らざる部分は明らかに凝灰質であることが認められる．黝灰色のものが含まれてゐる鉱物で其の中から金を採集することが出來る。黝灰色の濃淡に依りて含金量の多少を判定することが出來る

3. 化学的岩石大別 ── 中性岩又は酸性岩

4. 出來た時代 ── 第三紀層

5. 岩石大別 ── 水成岩

6. 生成する土壌 ── 壌土

7. 用　途 ── 別にない．昔は採金セリ。

III. 採集地略図

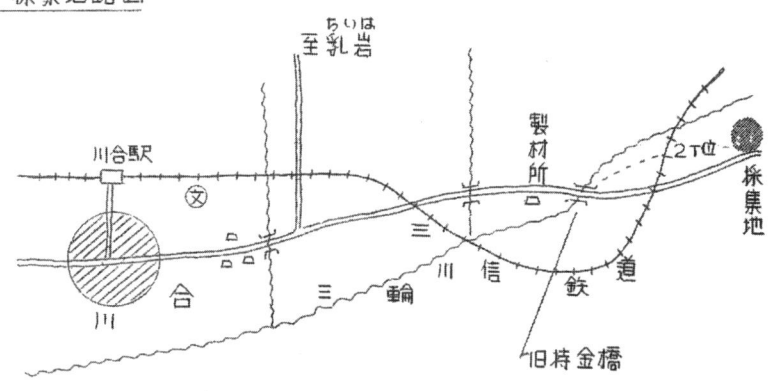

132. 凝 灰 岩

I. 産　　地 ―― 北設楽郡三輪村川合官林

II. 岩石解説

 1. 合　　分 ―― 主―火山灰　副―多少の砂及礫
 2. 肉眼的鑑別 ―― 白色, 灰白色　灰黒色, 粗鬆質に見ゆるも指にて撫でると極めて緻密で細微なる灰をなでる感じである此の感じは流紋岩若しくは流紋岩質凝灰岩と区別する要点ともなるものである。此物は流紋岩漿に由来する火山灰が水底に沈積生成したる岩石で12の岩層よりなり下より2枚目と10枚目とは全く砂其他の雑物を含まず質密にして砥石として利用されてをり其他の10層は砂又は礫の幾分を含有してをり砥石とならず、従つて含有物によりて砂質凝灰岩, 礫質凝灰岩等の名称が附せられてをる。
 3. 出来た時代 ―― 設楽第三紀層の時代
 4. 岩石大別 ―― 水成岩
 5. 分布区域 ―― 狭い
 6. 採集可否及注意 ―― 不可 (採集は其の採掘者に一度交渉して許可を得て後でなくては絶対に採集出来ぬ。

III. 採集地略図

川合の小塚三代治氏が採掘所有権を有し人夫をして之を採掘せしめてゐる。

川合國民学校の所より鉄道を越えて山中に入る。

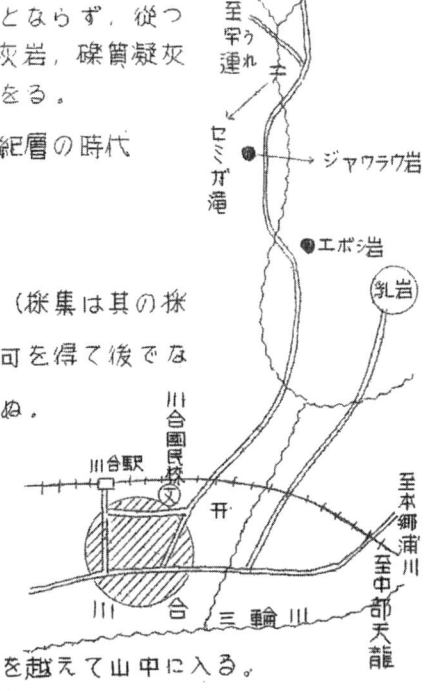

133. 礫質凝灰岩

Ⅰ. 産　　地　——　南設楽郡長篠村豊岡字湯谷附近馬の脊岩の
　　　　　　　　　　　　　　　　　　　　　　　　　両側の部分

Ⅱ. 岩石解説

1. 合　　分　——　各種岩石の礫を凝灰質物で膠結する。
2. 肉眼的鑑別　——　大なる礫混入，白，褐の混色で，且つ脆弱で容易に砕け易い。即ち火山岩の大きな礫（塊）の堆積せるものを微細なる火山灰を以て膠結せるものにして，其の殊に礫の大塊を含有するものに多く集塊質（又は礫質）なる語が用ひられる。
3. 化学的岩石大別　——　中性岩
4. 出來た時代　——　設楽第三紀層の時代
5. 岩石大別　——　水成岩
6. 分布区域　——　狭い
7. 採集可否及注意　——　昭和九年頃，天然記念物として内務省より指定されたので採集出來ぬ。
8. 生成する土壌　——　中間（埴土と壌土）の土壌
9. 用　　途　——　別にない。

Ⅲ. 採集地略図

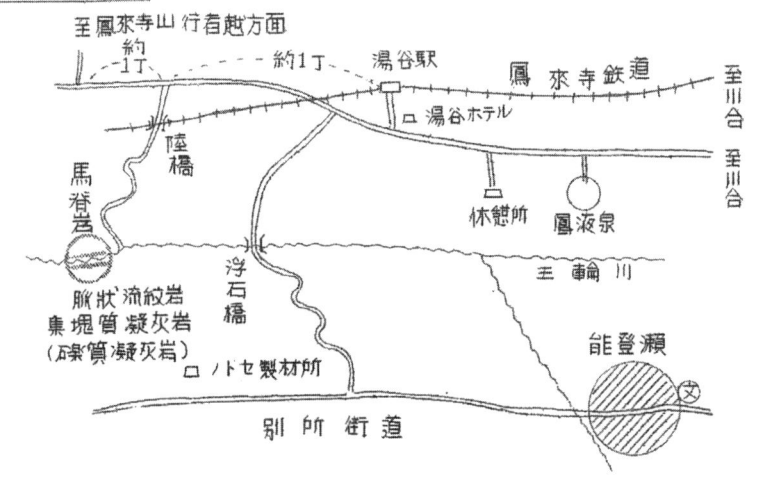

134. 洪 積 層 （沖積層と比較研究）

I. 産　　地 —— 丹羽郡犬山町橋爪及其の附近

II. 岩石解説

1. 合　　分 —— 粘土,砂,砂利,礫の累層, 地方に依りて成層状況異る.
2. 肉眼的鑑別 —— 橋爪の内でも犬山町の町續きをなせる台地は洪積層断崖下の平地, 此処より木曽川下流にかけて丹羽郡一帯は沖積層, 両地層の区別困難なれども先づ大体を述べんに次の通りである.

    洪積層判定の條件

    イ. 川,海の面より一般に高い. 断崖で境し
    ロ. 表面は黒い腐植で被はれ
    ハ. 内部には大小の礫を混へ
    ニ. 礫, 砂等は黄褐色の水酸化鉄で膠結
    ホ. 化石 ($\frac{9}{10}$は絶滅種, $\frac{1}{10}$は現存する) 含有

    其の状況は犬山城入口公会堂附近でも見られる.

3. 出来た時代 —— 第四紀の時代
4. 分布区域 —— 犬山町の台地
5. 生成する土壌 —— 洪積層に属する石英岩質礫質壌土（腐植質含有）
6. 用　　途 —— 農耕地

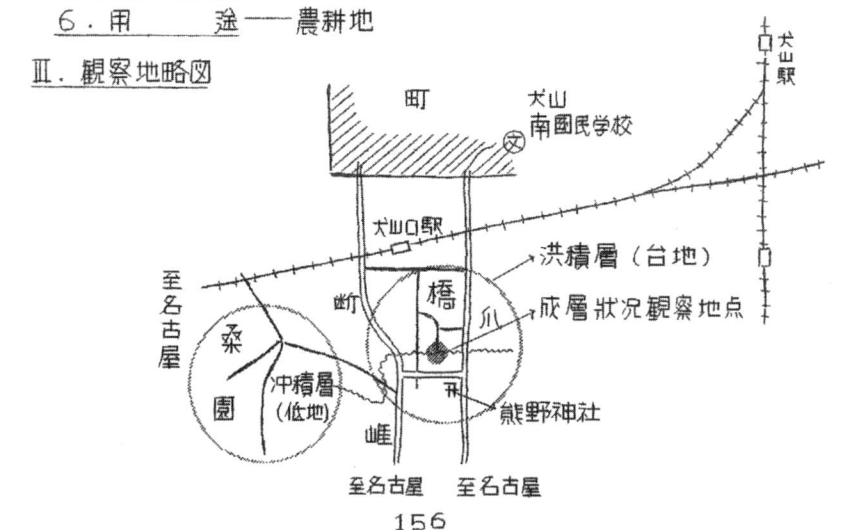

III. 観察地略図

135. 複雲母花崗岩

Ⅰ. 産　　地 —— 南設楽郡鳳來寺村大字追分　分岐街道側
　　　　　　　　　　　　　　　　　　　おひわけ　ぶんだれ

Ⅱ. 岩石解説

1. 合　　分 —— 石英, 正長石, 黒雲母, 白雲母, 時に柘榴石

2. 肉眼的鑑別 —— 各種の鑛物が總て肉眼で見られる。

　　　石　英　は淡鼠色, 玻璃光沢があり散在す
　　　正長石　は乳白色で其の劈開面多少光沢を呈する
　　　黒雲母　は黒くて濃褐色, 光沢が強い。
　　　白雲母　は劈開面の光沢強くして白色である。

3. 化学的岩石大別 —— 酸性岩

4. 出來た時代 —— 片麻岩の時代である, 即ち花崗岩又は片麻岩中へ脉状に出た物である。

5. 岩石大別 —— 火成岩

6. 生成する土壌 —— 花崗岩質壌土

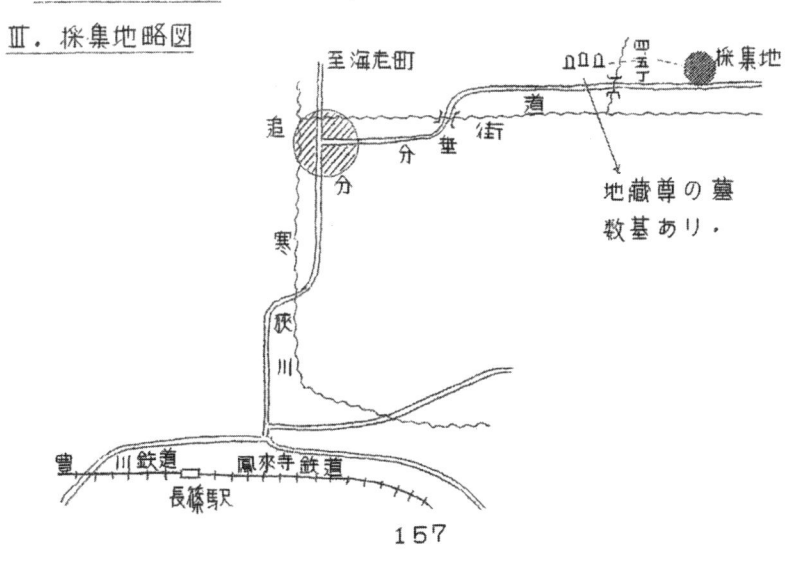

7. 用　　途 —— 建築石材　装飾石材 (燈篭其他)

Ⅲ. 採集地略図

136. 複雲母花崗岩

I. 産　　地 ── 南設楽郡海老町海老　田口鉄道海老田峰間
　　　　　　　　　　　　　　　　　　　　　　トンネル内

II. 岩石解説

1. 合　　分 ── 石英，正長石，白雲母，黒雲母，柘榴石(ざくろいし)

2. 肉眼的鑑別 ── 全体中粒状で肉眼で各合分を認められる。紅色粒状物が柘榴石である。

　　白雲母は銀白色，雲母光沢

　　黒きは黒雲母で且変質して白雲母となる。

3. 化学的岩石大別 ── 酸性岩

4. 出來た時代 ── 太古代の片麻岩系の時代

5. 岩石大別 ── 火成岩（脈状岩）

6. 分布区域 ── 狭い

7. 採集可否及注意 ── 轉石としてあり。

8. 生成する土壌 ── 壌土

9. 用　　途 ── なし

III. 採集地略図

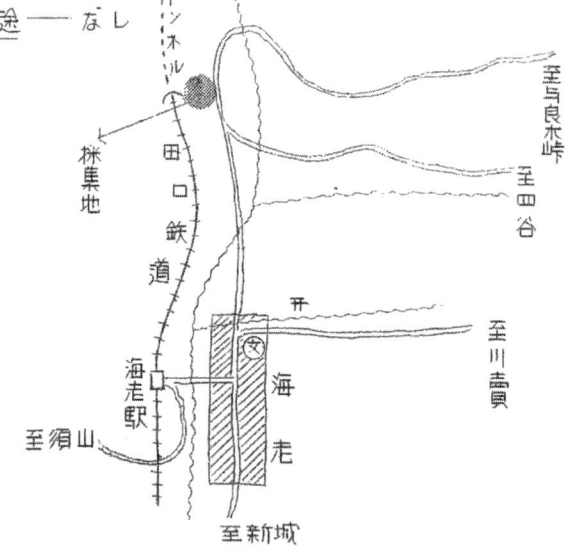

137. 電氣石白雲母花崗岩
<small>でんき　せき</small>

Ⅰ. 産　　　地 ── 南設楽郡海老町大字須山　須山.山中新道
　　　　　　　　　　　　　　　　　　　　　　　分岐点附近

Ⅱ. 岩石解説
　1. 成　　分 ── 主 ─ 正長石, 黒雲母
　　　　　　　── 副 ─ 白雲母, 電氣石
　2. 肉眼的鑑別 ── 劈開面が平面で光の反射強く光を当てゝチカチカと光る部分で少しく濁つた白色不透明の部分（本標本では比較的広い面をなす）が正長石である。黒色板状に剝れるもので硝子の様な光沢を有する（本標本では小さく少量含有する）物が黒雲母である。銀白色で強き光沢を有する片状物が白雲母で, 本岩石と他岩との接触の結果黒雲母が変成して出来たものである。黒くて太き柱状結晶物が電気石である。柱面に垂直の條線がある。黒又は褐色が普通で, 雲母に比して光沢鈍し.
　3. 化学的岩石大別 ── 酸性岩
　4. 出來た時代 ── 太古代の片麻岩系
　5. 岩石大別 ── 火成岩（深成岩）
　6. 分布区域 ── 広い。採集出來る。
　7. 採集可否及注意 ── 大きい石割用の槌が必要である。
　8. 生成する土壌 ── 花崗岩質壌土
　9. 用　　途 ── 石垣其他にする。

Ⅲ. 採集地略図

138. 電氣石白雲母花崗岩

Ⅰ. 産　　地 ―― 南設楽郡海老町海老　田口鉄道海老田峰間
　　　　　　　　　　　　　　　　　　　　　　　　トンネル内
Ⅱ. 岩石解説
　1. 合　　分 ―― 主―石英, 正長石, 白雲母, 黒雲母
　　　　　　　―― 副―電気石, 柘榴石
　2. 肉眼的鑑別 ―― 各合分が肉眼で皆認められる。即ち紅色半透
　　　明, 粒状物は柘榴石で, 黒色柱状物は電氣石である。其他
　　　は前述の如くである。
　3. 化学的岩石大別 ―― 酸性岩
　4. 出來た時代 ―― 太古代の片麻岩系の時代
　5. 岩石大別 ―― 火成岩（脈状岩か接触岩である）
　6. 分布区域 ―― 狭し
　7. 採集可否及注意 ―― 轉石としてあり, 露出面不明故今後採集
　　　不能となるやも知れず。
　8. 生成する土壌 ―― 壊土
　9. 用　　途 ―― 電気石入りの花崗岩は東三地方としては珍貴
Ⅲ. 採集地略図

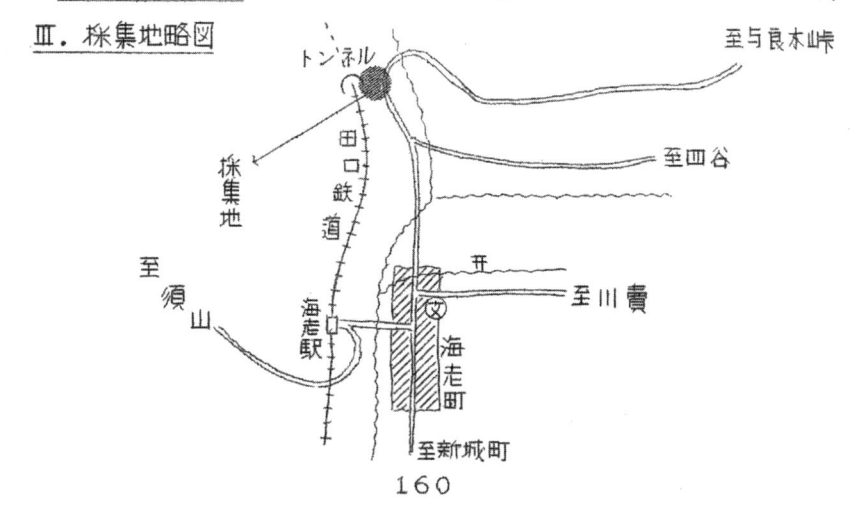

139. 黒雲母花崗岩

I. 産　　地 ── 北設楽郡段嶺村田峰　田峰駅側

II. 岩石解説

1. 合　　分 ── 石英, 正長石, 黒雲母, 斜長石
2. 肉眼的鑑別　粒狀の岩石である, 且塊狀をなして産出する. 黒色眞珠様の光沢あるものが黒雲母, 白く濁った色の劈開面硝子光沢の物が正長石である。半透明の粒狀表面に凹凸ある物が石英である. <u>沢山採集することによって直観的に鑑別出來る。</u>
3. 化学的岩石大別 ── 酸性岩
4. 出來た時代 ── 太古代の片麻岩系の噴出岩である。
5. 岩石大別 ── 火山岩の内の深造岩
6. 分布区域 ── 相当広い区域に産する。
7. 採集可否及注意 ── 道路開通して其の兩側に轉石として沢山にある。
8. 生成する土壌 ── 黒雲母花崗岩質壤土
9. 用　　途 ── 建築石材

III. 採集地略図

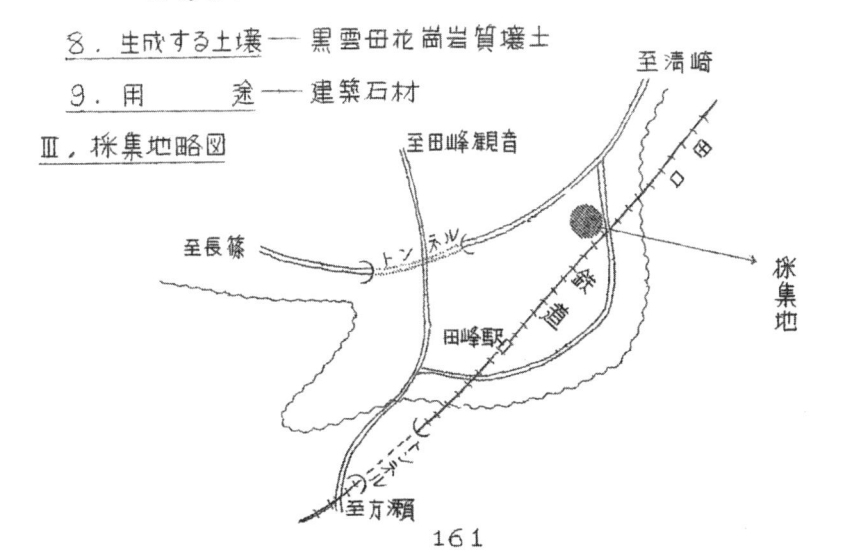

140. 角閃黒雲母花崗岩

I. 産　　地 ── 南設楽郡東郷村大字上平井, 牛倉, 須長
　　　　　　　南設楽郡作手村雁峰山

II. 岩石解説

　1. 成　　分 ── 石英, 正長石, 黒雲母, 角閃石

　2. 肉眼的鑑別 ── 此の岩石は肉眼を以て良く其の主成分鑛物を認め得べく即ち石英は透明乃至半透明, 玻璃光沢を放ち, 全然劈開を欠く。正長石は概ね白色, 劈開面は強き光沢を放つ。黒雲母は黒色完全なる底面の劈開を示すと同時に光沢強し, 同じく黒色の角閃石を含めども長方形にして光沢雲母に比して弱ければ両者区別することが出來る。此の花崗岩の片麻岩と接触したる附近で鑛物の配列が稍平行して來て阿武隈山脈に特有な正片麻岩に似て來ることがあるが此の地方では正片麻岩と謂ふのはないのであるから間違へてはならぬ。

　3. 化学的岩石大別 ── 酸性岩（硅酸物60%以上）

　4. 出來た時代 ── 古生代

　5. 岩石大別 ── 火成岩

　6. 生成する土壌 ── 花崗岩質壌土

　7. 用　　途 ── 石垣其他雑用

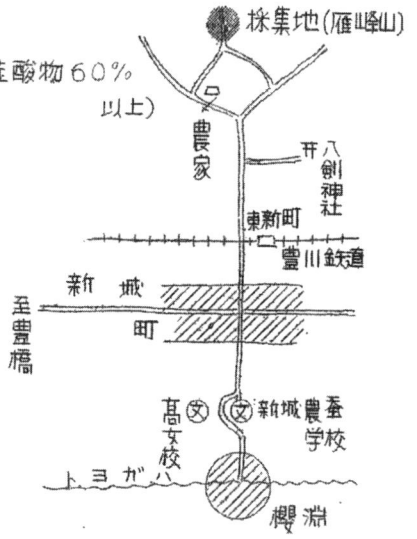

III. 採集地略図

141. 黒雲母花崗岩

Ⅰ. 産　地 —— 丹羽郡池野村富士西の山麓浅間神社附近

Ⅱ. 岩石解説
  1. 合　分 —— 石英，正長石，黒雲母
  2. 肉眼的鑑別 —— 尾張富士の基盤をなす。露出状況を見るに層状上層の粘板岩に接するにつれて層状が著しく，且つ之れ等の間に葱皮（さうひ）状構造（本社より山頂へ約1町程登れる左側の所に

  明治天皇御製の碑
  　イカナラム事ニ遇ウテモ撓ヌハ
  　　　ワガ敷島ノ大和ダマシヒ　あり。其の附近路上で）が認められる。風化して変化してをれ共大きく，アメ色透明，硬く，割れ目あり。硝子光沢あるのは石英，白濁粉化しをるは長石で，小さい黒色六角形（珍）で板状，劈開面が硝子光沢を呈して輝けるは黒雲母である。羽黒村外山金山分岐点附近の基盤をなして之れと同様花崗岩露出す。

  3. 岩石大別 —— 火成岩の内深造岩
  4. 化学的岩石大別 —— 酸性岩
  5. 出來た時代 —— 古生代の時代の噴出（古生層の岩石を変質してをる点より見て古生層以後の噴出なるべし。）
  6. 分布区域 —— 廣い
  7. 採集可否及注意 —— 可なれども富士山の事故遠慮せられては如何
  8. 生成する土壌 —— 花崗岩質壌土

Ⅲ. 採集地略図

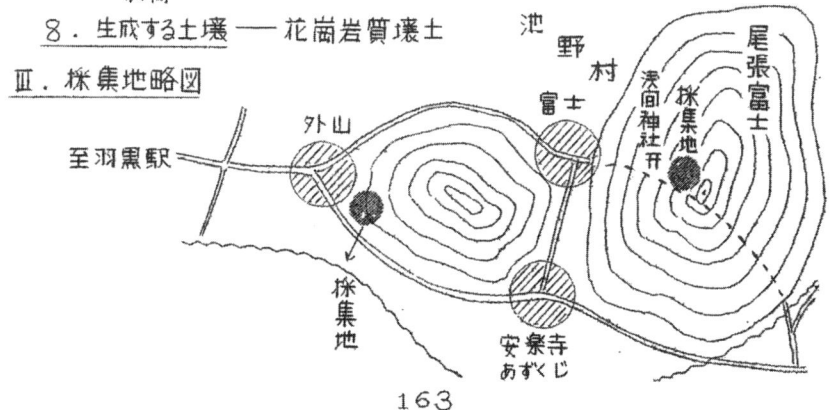

142. 黒雲母花崗岩

I. 産　　地——比設楽郡本郷町外　戰橋(たかひばし)附近

II. 岩石解説

  1. 合　　分——石英（風雨に晒す時は飴色となる）正長石　黒雲母

  2. 肉眼的鑑別——三鉱物が明にわかってゐる。石英が飴色に変ることが澤山ある。判別が出來る。構造粗なる故に三鉱物は容易に判定出來る。

  3. 化学的岩石大別——酸性岩

  4. 岩石大別——火成岩の内深造岩

  5. 出來た時代——太古代

  6. 生成する土壌——壌土

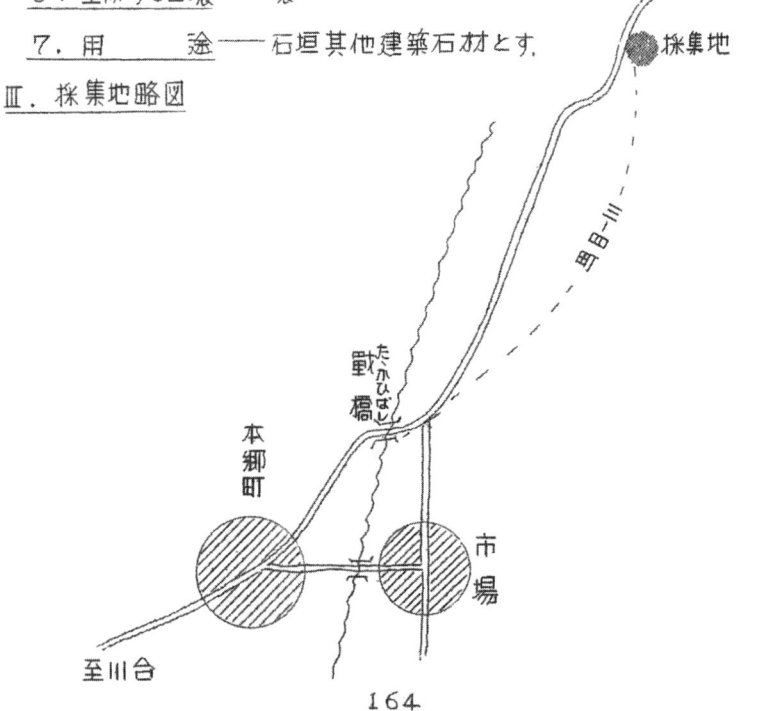

  7. 用　　途——石垣其他建築石材とす。

III. 採集地略図

143. 角閃花崗岩

Ⅰ. 産　　地 ── 幡豆郡幡豆町東幡豆及寺部

Ⅱ. 岩石解説

　1. 合　　分 ── 主 ── 石英, 正長石, 黒雲母

　　　　　　　── 副 ── 角閃石　黄銅鉱

　2. 肉眼的鑑別 ── 鑛物成分の配列が梢、並行して居るも片麻岩ではない, 細粒状. 三鉱物に注意すること。角閃石が含まれてゐる, 雲母との区別は形と光沢との差異で出来る.

　3. 化学的岩石大別 ── 酸性岩

　4. 出来た時代 ── 太古代の片麻岩系の時代

　5. 岩石大別 ── 火成岩

　6. 分布区域 ── 廣い

　7. 採集可否及注意 ── 容易である。

　8. 生成する土壌 ── 花崗岩質壌土

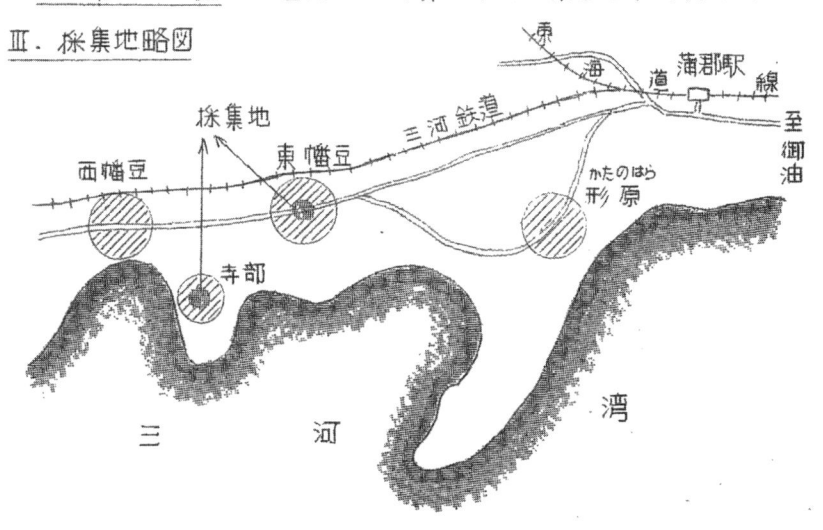

　9. 用　　途 ── 建築石材（廣く各地で用ひられてゐる。）

Ⅲ. 採集地略図

144. 脈状花崗岩 (文象花崗岩)

I. 産　　地 —— 宝飯郡一宮村上長山　下ノ荷場

II. 岩石解説

　1. 合　　分 —— 石英, 正長石, 黒雲母, 白雲母.

　　　　副合分として柘榴石を含むことがある

　2. 肉眼的鑑別 —— 石英も白雲母も正長石も凡て肉眼によって鑑別出来る。特に石英は揃って排列して居るために其の破面に於て多少文象構造が認められる。

　　　柘榴石を含有するアメ色である。

　3. 化学的岩石大別 —— 酸性岩

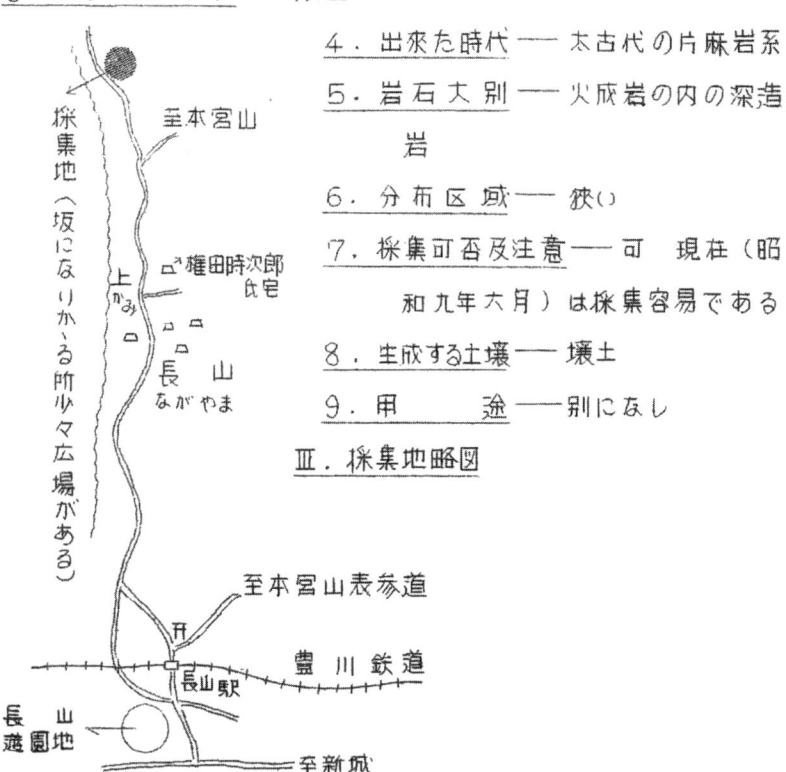

　4. 出來た時代 —— 太古代の片麻岩系

　5. 岩石大別 —— 火成岩の内の深造岩

　6. 分布区域 —— 狭い

　7. 採集可否及注意 —— 可　現在 (昭和九年六月) は採集容易である

　8. 生成する土壌 —— 壌土

　9. 用　　途 —— 別になし

III. 採集地略図

145. 脈状花崗岩 （文理花崗岩）

Ⅰ. 産　地 —— 宝飯郡一宮村上長山　本宮山表参道
　　　　　　　　　　　　　　　　　　エビス岩附近

Ⅱ. 岩石解説

　1. 含　分 —— 石英, 正長石, 少量の黒雲母と白雲母
　　　　　　副合分として柘榴石を含んでゐる.

　2. 肉眼的鑑別 —— 花崗岩類中に岩脈をなして産出する。淡色の
　　　　　　白色岩である。所々文理構造（文字構造）が認められる。

　3. 化学的岩石大別 —— 酸性岩

　4. 出來た時代 —— 太古代

　5. 岩石大別 —— 火成岩の内脈状岩

　6. 分布区域 —— 狭い（露出面が）

　7. 採集可否及注意 —— 少々風化して居る故に
　　　　　新鮮なる物の採集は困難
　　　　　であるが採集は出來る.

　8. 生成する土壌 —— 砂質壤土

　9. 用　途 —— なし

Ⅲ. 採集地略図

本宮山表参道馬背岩の険を趣えて進むこと約1町位, 両側に松林のある少々堀割式の地点に達す。此の地点の路面に露頭を見る。

146. 斑糲岩

I. 産　　地 ―― 八名郡八名村大字富岡　雨生山(うぶさん)

II. 岩石解説

  1. 合　　分 ―― 異剝石と斜長石

  2. 肉眼的鑑別 ―― 異剝石と斜長石とが肉眼で鑑別出来る。大粒を為して出る。岩石一帯の色は黒色と淡緑色との粒の塊の如くに見える。比重大である。

  　　斜長石は白又は緑白色で結晶を認めることが出来る。

  3. 化学的岩石大別 ―― 基性岩

  4. 出来た時代 ―― 結晶片岩類の時代か又は古生層の時代

  5. 岩石大別 ―― 火成岩

  6. 生成する土壌 ―― 埴土

  7. 用　　途 ―― 沢山出です。別にない。

III. 採集地略図

147. 橄欖斑糲岩

I. 産　　地―― 八名郡八名村大字富岡　雨生山全体
II. 岩石解説
　1. 合　　分―― 主－輝剝石，斜長石　　副－磁鉄鑛，橄欖石
　2. 肉眼的鑑別―― 風化せられた結果粟粒の如き大きさの粒が岩石の全表面に附着した如く見ゆ。粒は大部分が磁鉄鑛と橄欖石とである。新鮮な破面は緑色（輝剝石と橄欖石）と淡緑色（斜長石）若しくは灰白色である。
　　　比重は大きく全体から見て色は濃い。
　3. 化学的岩石大別―― 基性岩
　4. 出來た時代―― 結晶片岩系若しくはそれ以前の深造岩である
　5. 岩石大別―― 火成岩
　6. 生成する土壌―― 埴土
　7. 用　　途―― 建築石材，置物
III. 採集地略図

148. 斑糲岩

I. 産　　地 ── 八名郡山吉田村大字東竹ノ輪, 早松峠附近
II. 岩石解説
　1. 合　　分 ── 斜長石と異剝石
　2. 肉眼的鑑別 ── 衣服に見る飛白状（カスリ状）を呈する。依って斑糲岩に限って飛白岩（カスリイハ）と称せられる。粘り, 蠟光沢, 脂感がある。白き部分は斜長石にして, 緑黒色の部分は異剝石である。稀に長年月の間に蛇紋岩に変る。重くて, 塊状で鉱物の配列稍ヽ並行して居る。斑糲岩としては一珍種である。
　3. 化学的岩石大別 ── 基性岩
　4. 出来た時代 ── 太古代
　5. 岩石大別 ── 火成岩の内の深造岩
　6. 分布区域 ── 狭い
　7. 採集可否及注意 ── 可, 鉄槌を当てた時粘り気強くてなかなか採集し難い。
　8. 生成する土壌
　　　斑糲岩質埴
　9. 用　　途 ──
　　　石垣, 其他
III. 採集地略図

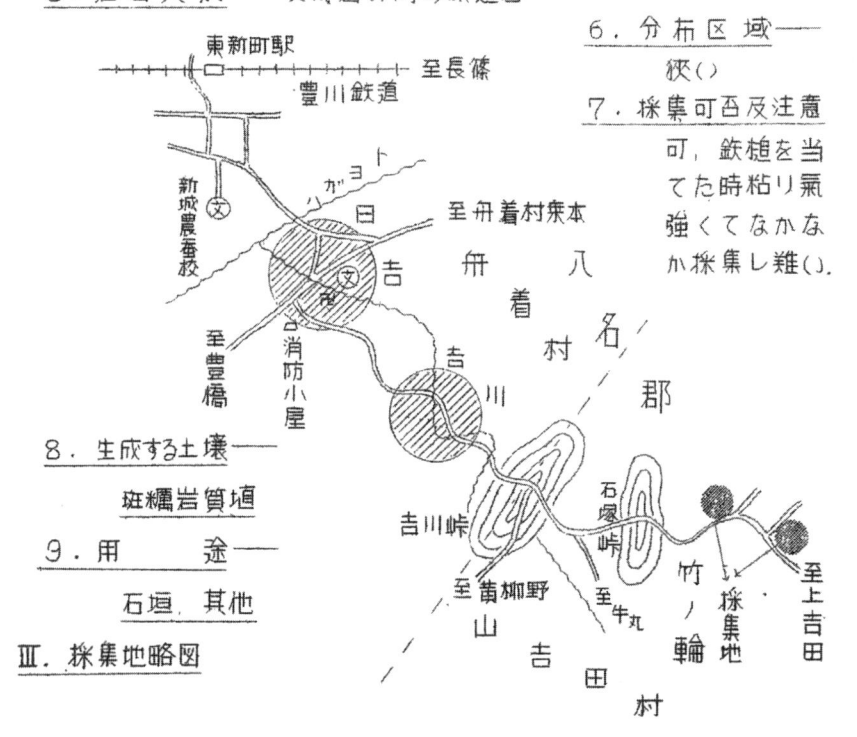

149. 紫蘇輝石斑糲岩

Ⅰ. 産　　地 —— 幡豆郡吉田町宮崎　宮崎裏山庚申堂附近

Ⅱ. 岩石解説

　1. 成　　分 —— 斜長石と紫蘇輝石

　2. 肉眼的鑑別 —— 高き部分が紫蘇輝石, 劈開面が玻璃光沢著しく, 早く風化して凹部をなせる部分が元斜長石の部分であったことゝ思ふ. 新鮮なる面では青又は白色の部分が即ち斜長石である. 極めて粘稠なる岩石で且つ重く, 濃い青緑色の風化せる表面は雨生山の斑糲岩のそれの如くアバタ面をなしてゐる.

　3. 化学的岩石大別 —— 基性岩

　4. 出來た時代 —— 片麻岩の時代

　5. 岩石大別 —— 火成岩の内深造岩

　6. 分布区域 —— 廣い部分

　7. 採集可否及注意 —— 可

　8. 生成する土壌 —— 埴土

　9. 用　　途 —— 石垣其他

Ⅲ. 採集地略図

　宮崎海水浴場の裏山の東北の半分は之れである. 山の頂に庚申堂がある. 其の附近に轉石がある.

　又青鳥山の一部も之れで構成してゐる.

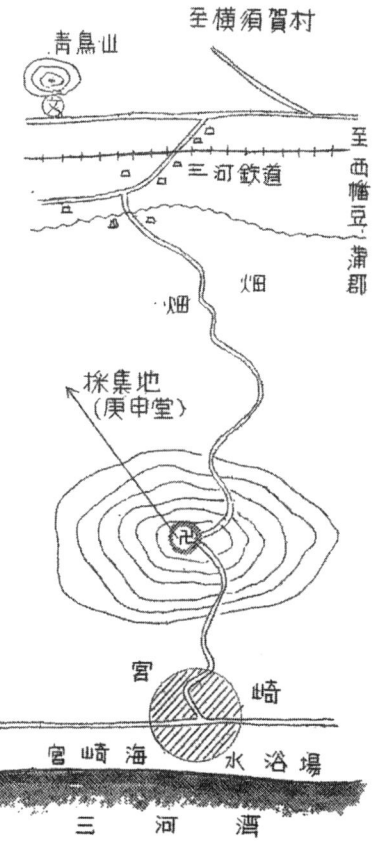

150. 透輝石橄欖岩

I. 産　　　地 ―― 渥美郡田原町童浦(どうほ)　笠山

II. 岩石解説

1. 合　　　分 ―― 橄欖石, 紫蘇輝石, 異剝石
2. 肉眼的鑑別 ―― 暗緑黒色, 中粒, 極めて粘稠, 且つ重い岩石である。表面風化して赤褐色を呈し, 且つ其の面粗糙, 凹凸甚しく, 之れを一言にして評するならば「虫喰ひ」状をしてをる。又雨生山の橄欖斑糲岩の夫れに極似してをる。
3. 化学的岩石大別 ―― 塩基性岩
4. 出來た時代 ―― 上, 中部秩父古生層の時代
5. 岩石大別 ―― 火成岩の内の深造岩
6. 分布区域 ―― 笠山全体皆之れである。
7. 採集可否及注意 ―― 容易に採集出來る。山麓に轉石澤山あり。
8. 生成する土壌 ―― 埴土
9. 用　　　途 ―― 石垣其他

III. 採集地略図 ――

笠山に到れば山の中腹に露出しありて採集出來る。田原町から片浜海水浴場へ出で右に道をとりて進むこと約7町, 独立せる一山あり, 之れが笠山である。

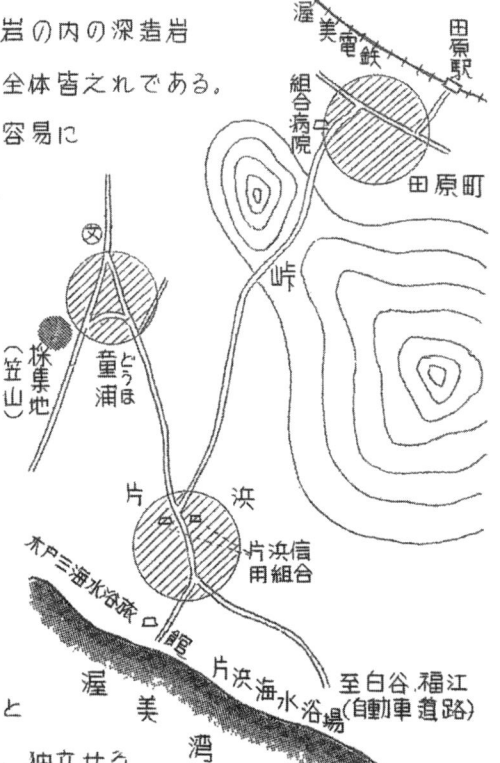

172

151. 透輝石斑糲岩

I. 産　　地——渥美郡田原町姫島

II. 岩石解説

1. 成　　分——橄欖石，異剝石，透輝石，斜長石
2. 肉眼的鑑別——綠黑色，塊狀（中粒又は細粒）粘り氣強く且つ堅硬である。褐色の小粒を認む。故に雷爛を始めると綠褐黑色に見える。
3. 化学的岩石大別——基性岩
4. 岩石大別——火成岩の内の深造岩
5. 出來た時代——古生代の上中部
　　秩父古生層を貫く
6. 分布区域——姫島全体皆之れである。
7. 採集可否及注意——容易である。
8. 生成する土壌——埴土
9. 用　　途——石垣用
　　又漁業に利用する

III. 採集地略図

片浜海水浴場にて漁船を傭って渡る。船賃一円程度，海上一里風強き日は危険である。

152. 蛇 紋 岩 (俗に おんじゃく石)

I. 産　　地 ── 八名郡山吉田村大字竹ノ輪大次田石塚峠(おほしだ)

II. 岩石解説
1. 成　　分 ── 蛇紋石
2. 肉眼的鑑別 ── 蛇皮状の緑色, 緑黒色, 褐色の各部分がある 脂蔵あり, 蠟光沢, 重くて且つ塊状 (時に層状) 表面に, 非常に平滑で光沢の強き部分があるが, 之れは一種の割れ目である。堅硬でなく, 化学成分は苦土珪酸塩にして若干量の水を含有して居る。色各種あり, 蛇紋石質物を含有する物は黄色より油緑色, 緑泥石を有する物は暗緑色を加へる。磁鉄鑛を含有する物で其の局部変化して酸化鉄若しくは水酸化鉄となれるは暗褐色乃至赤褐色の染潤
3. 化学的岩石大別 ── 基性岩
4. 出来た時代 ── 結晶片岩層の時代と古生層の時代との中間
5. 岩石大別 ── 火成岩の内の深造岩
6. 分布区域 ── 廣い
7. 採集可否及注意 ── 可であるも良標本の採集は困難である。
8. 生成する土壌 ── 蛇紋岩質埴土
9. 用　　途 ── 石垣其他雑用

III. 採集地略図 ── 吉川峠を下りて右すれば牛丸, 左すれば竹ノ輪を経て上吉田下吉田へ通ず分岐点附近左の山側に露出, 又沿道に轉石としてある。

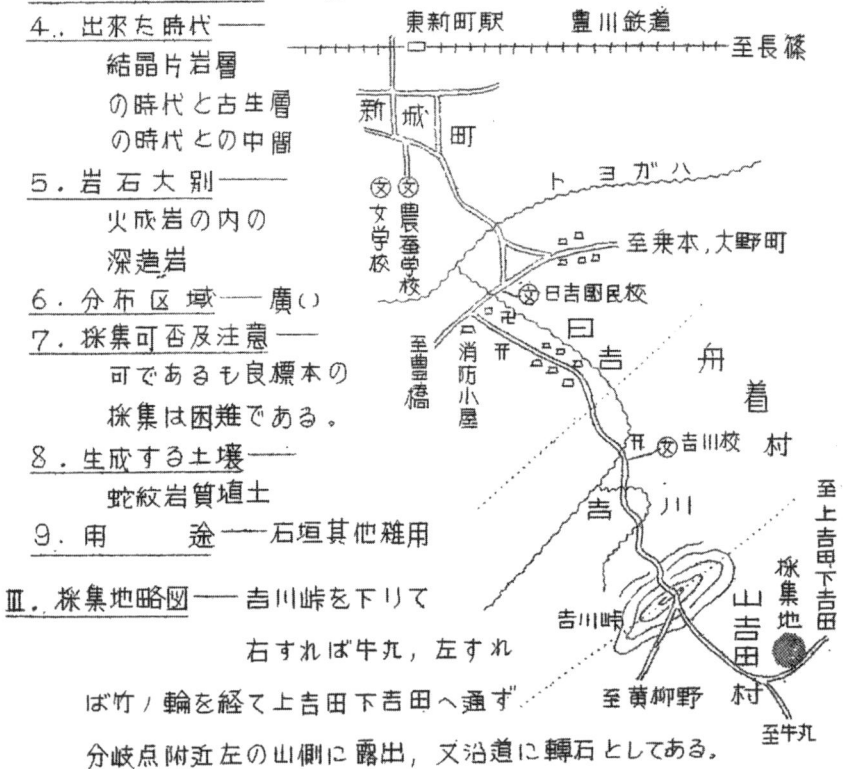

153. 蛇紋岩

<u>I. 産　　地</u>——八名郡舟着村乗本字藏平(くらだひら)　俗に元行者

<u>II. 岩石解説</u>

 <u>1. 合　　分</u>——蛇紋石，緑泥石，角閃石

 <u>2. 肉眼的鑑別</u>——緑黒黄色，多少片状を呈する。脂肪光沢と脂感とがある。元來此の岩石は結晶片岩層中の緑泥片岩より遷移したるものなるを以て四囲の状況は全然緑泥片岩なれども其の露出表面が蛇紋化せられ居るを以て蛇紋岩として認識することを得

 <u>3. 化学的岩石大別</u>——塩基性岩

 <u>4. 出來た時代</u>——太古代の結晶片岩より遷移したるものである

 <u>5. 岩石大別</u>——変成岩

 <u>6. 分布区域</u>——狭い．

 <u>7. 採集可否及注意</u>——可

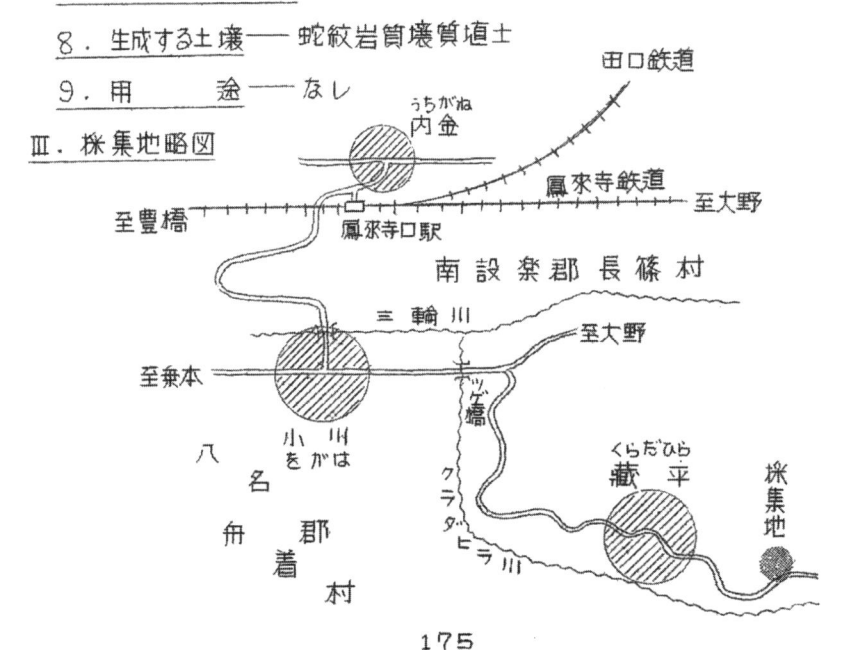

 <u>8. 生成する土壌</u>——蛇紋岩質壌質埴土

 <u>9. 用　　途</u>——なし

<u>III. 採集地略図</u>

154. 蛇 紋 岩

Ⅰ. 産　　地 —— 八名郡八名村大字中宇利　瓶割峠(かめわり)

Ⅱ. 岩石解説

1. 合　　分 —— 斑糲岩と同じであると思はれるが, 既に何れも蛇紋化してゐる. 或は蛇紋岩に変化しつゝある物である

2. 肉眼的鑑別 —— 勿論塊状岩であるが其の破砕の面が, 緑, 白黄等が不規則に並べられて蛇皮を見るが如しといふ処より直に鑑定することが出來る.

3. 化学的岩石大別 —— 基性岩

4. 出來た時代 —— 結晶片岩系の時代（太古代）に噴出した岩石が蛇紋化せられた物である.

5. 岩石大別 —— 火成岩の内深造岩に属する.

6. 生成する土壌 —— 埴土

7. 用　　途 —— 別になし.

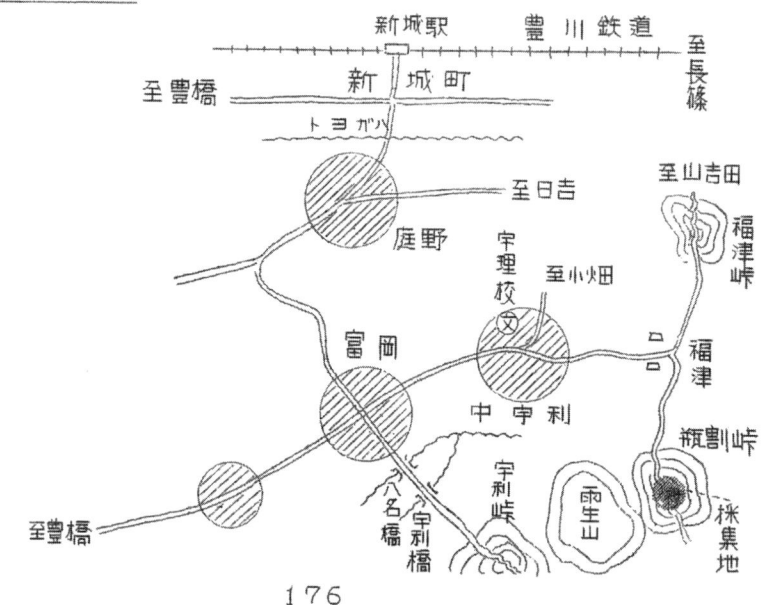

155. 蛇 紋 岩

Ⅰ. 産　　地 ── 八名郡山吉田村大字下吉田字大田輪(おほだわ)

Ⅱ. 岩石解説

　1. 成　　分 ── 蛇紋岩

　2. 肉眼的鑑別 ── 蛇紋様の組織が認められる。緑色にして繊維状なる所に注意を要する。変成岩から変って來た物なるべし。

　3. 化学的岩石大別 ── 基性岩

　4. 出來た時代 ── 結晶片岩時代に出來て,其後に於て変化した物である。

　5. 岩石大別 ── 変成岩から変化した物である。

　6. 分布区域 ── 狭い。結晶片岩に挟まれて小露出があるのみ

　7. 採集可否及注意 ── 可,容易である。

　8. 生成する土壌 ── 蛇紋岩質埴土

　9. 用　　途 ── 別になし

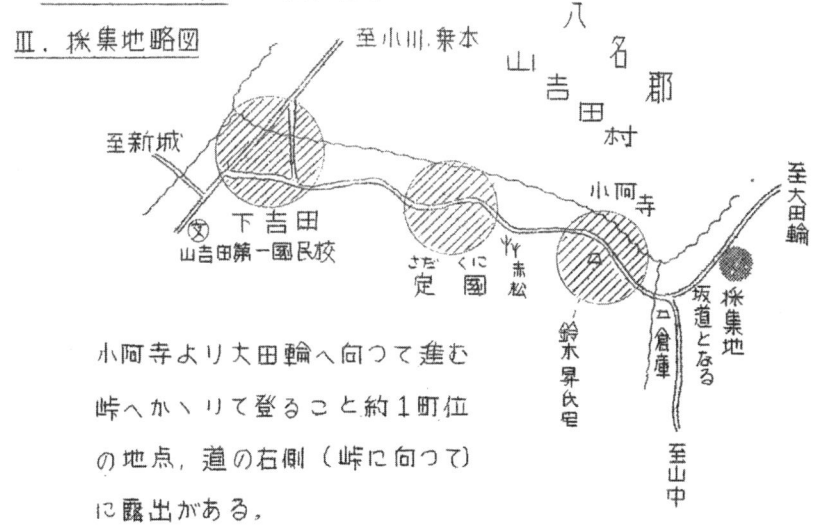

Ⅲ. 採集地略図

小阿寺より大田輪へ向って進む峠へかゝりて登ること約1町位の地点,道の右側(峠に向って)に露出がある。

156. 蛇紋岩

I. 産　　地 ―― 八名郡舟着村大字乗本字大平(おほびら)

II. 岩石解説

1. 合　　分 ―― 主―蛇紋石　副―ニッケル鉱を附着する.

2. 肉眼的鑑別 ―― 普通の蛇紋岩に見るが如く濃い緑青色で重く斑糲岩の割目から蛇紋化す, 表面蛇紋化したる物は多少内部に斑糲岩らしき部分あるも蛇紋岩と見てよい。表面多少の脂感且つ平滑, 樹脂光沢を有する.

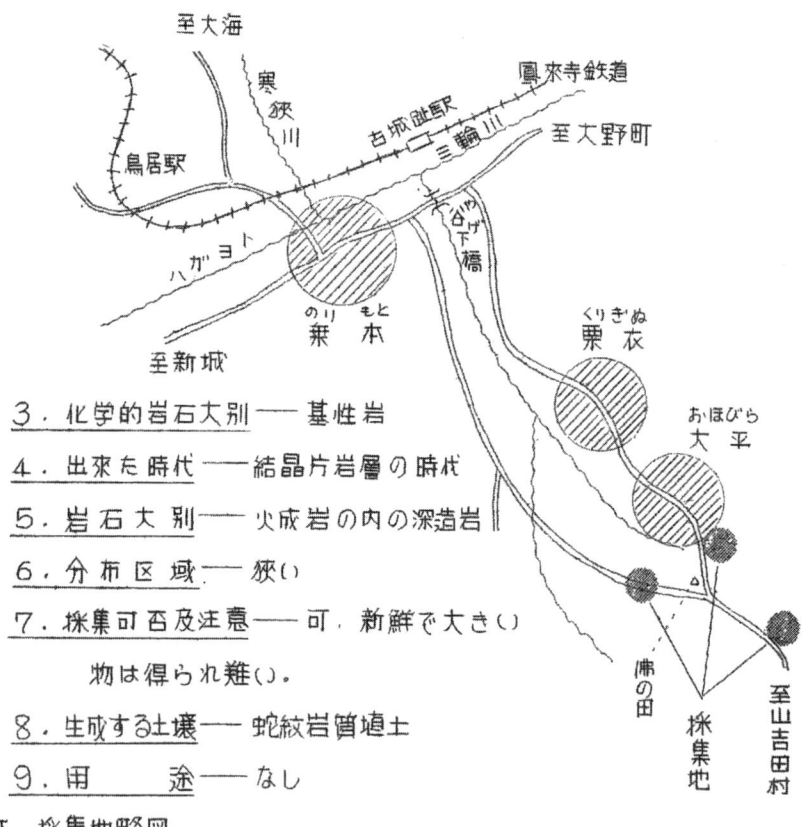

3. 化学的岩石大別 ―― 基性岩

4. 出來た時代 ―― 結晶片岩層の時代

5. 岩石大別 ―― 火成岩の内の深造岩

6. 分布区域 ―― 狹い

7. 採集可否及注意 ―― 可. 新鮮で大きい物は得られ難い.

8. 生成する土壌 ―― 蛇紋岩質埴土

9. 用　　途 ―― なし

III. 採集地略図

157. 蛇紋岩

I. 産　　地 ―― 八名郡八名村八名井　旗頭山(はたがしらやま)

II. 岩石解説

1. 成　　分 ―― 主－蛇紋石　副－磁鉄鑛の粉末

2. 肉眼的鑑別 ―― 重い（磁鉄鑛の粉末に原因す）表面風化して黄褐色，粗慥となつてゐる。新鮮なる破面は緑黒色，金属光沢を帯べる部分を見ることが出來る。且結晶の集合状況を認めることが出來る。緑黒色の外に，青色，淡黄色の蛇皮状の部分も認め得られる。鉄槌を當てる時は極めて粘稠にして採集困難である。黒味を帯べるは磁鉄鑛の粉末に原因する。

3. 出來た時代 ―― 太古代の結晶片岩系の時代に噴出した岩石が蛇紋化せられた物である。

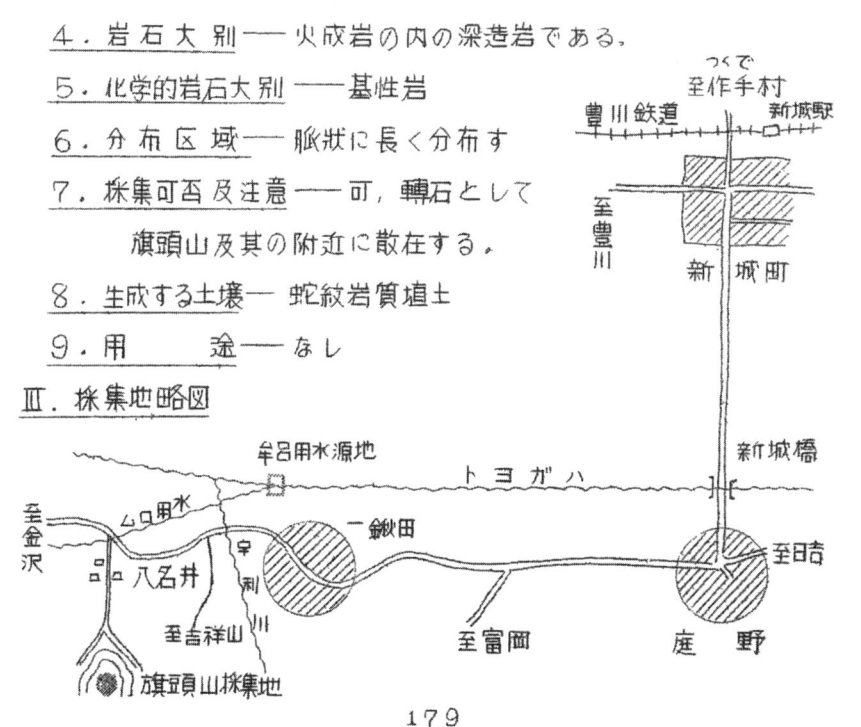

4. 岩石大別 ―― 火成岩の内の深造岩である。

5. 化学的岩石大別 ―― 基性岩

6. 分布区域 ―― 脈状に長く分布す

7. 採集可否及注意 ―― 可，轉石として旗頭山及其の附近に散在する。

8. 生成する土壌 ―― 蛇紋岩質埴土

9. 用　　途 ―― なし

III. 採集地略図

158. 蛇紋岩

<u>Ⅰ. 産　　地</u> ── 八名郡石巻村大字馬越(まごし) 道路切割附近

<u>Ⅱ. 岩石解説</u>

　1. <u>成　　分</u> ── 蛇紋石　其他に磁鉄鑛の粉末（黒色をなせる部分）

　2. <u>肉眼的鑑別</u> ── 緑黒色で僅に蛇皮状況を認む。比較的重く且つ塊状である。黒色を呈する部分は磁鉄鉱の粉末を含有するが故である。

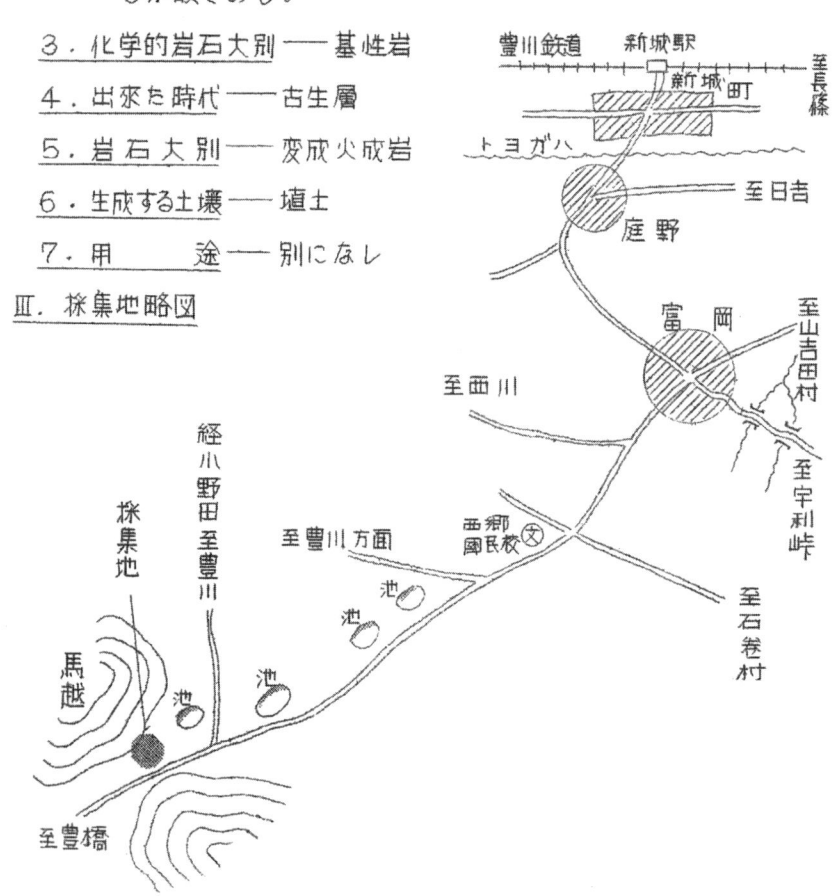

　3. <u>化学的岩石大別</u> ── 基性岩

　4. <u>出來た時代</u> ── 古生層

　5. <u>岩石大別</u> ── 変成火成岩

　6. <u>生成する土壌</u> ── 埴土

　7. <u>用　　途</u> ── 別になし

<u>Ⅲ. 採集地略図</u>

159. 八名郡の蛇紋岩(じゃもんがん)の話

八名郡に発達する蛇紋岩区域は、北は七郷村一色より、中央部では山吉田村より八名村にかけて大露出があり、南部では、三上村勝山附近に小露出がある等蛇紋岩の露出地方としては、日本から見て比較的大面積を有して居る方である。

元来蛇紋岩は二次成のもので、夫れが斑糲岩の如き塊状岩から来ることがあり（雨生山にその例がある）又結晶片岩類の緑色岩から変成したものがある。（舟着村栗本に其の例がある）

舟着村の結晶片岩層中に露出するものは殆ど結晶片岩から来たもので、面積がせまく、其の他は斑糲岩から来たものである。而して面積も亦廣大である。

蛇紋岩には、クローム鉄、白金、コバルト鉱、霰石(あられいし)等の共生するものであるとの説を証明する為めに既に（クローム）及（コバルト）鉱、霰石等の発見せられたる事は「愛知の教育」誌にも発表するし又本書の各篇を参照せられるも明らかなことである。(榊原明十記)

160. 閃 緑 岩

I. 産　　地 ―― 宝飯郡一宮村足山田　加藤信淑(のぶよし)氏宅附近

II. 岩石解説

1. 成　　分 ―― 主―斜長石，角閃石
　　　　　　　　副―石英，黒雲母，輝石
2. 肉眼的鑑別 ―― 暗緑色，比重大である。細粒状の粒状組織
　　鉄槌を當てた時粘り氣があリて欲するが如き形に採集し
　　難い。風化した物の表面は点々ありて，丁度雨生山の橄
　　欖斑糲岩のそれの如くである。
3. 化学的岩石大別 ―― 中性岩
4. 出來た時代 ―― 中生代
5. 岩石大別 ―― 火成岩の内深造岩
6. 分布区域 ―― 領家片麻岩を貫通して居る。其の分布区域餘
　　りに広くない。
7. 採集可否及注意
　　可, 轉石沢山にあ
　　リ. 容易である.
　　加藤氏の案内を
　　受けるとよい。
8. 生成する土壌 ―― 中性の土壌
9. 用　　途 ―― 建築石材,碑石材位か.

III. 採集地略図

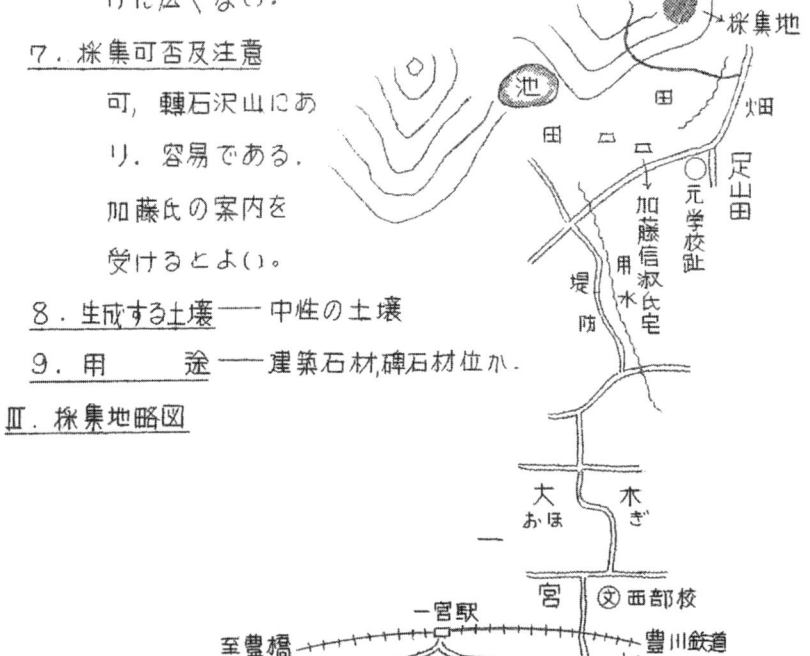

161. 輝　緑　岩

I. 産　　地 ── 八名郡石巻村大字馬越　道路の切割附近

II. 岩石解説

1. 成　　分 ── 輝石．斜長石
2. 肉眼的鑑別 ── 多くの場合比較的粗粒状である。其の内緑色の斜長石と淡緑．光輝ある輝石とがあること，鉄槌を加へたる時粘り氣があり，堅く感ずる。露出は塊状である。
3. 化学的岩石大別 ── 基性岩
4. 出來た時代 ── 古生層の時代
5. 岩石大別 ── 火成岩（半噴出岩）
6. 生成する土壌 ── 輝緑岩質埴土．斑糲岩質埴土と良く似てゐるも理学的性質多少良好である肥料の吸收力は強きに過ぐる方である。
7. 用　　途 ── なし

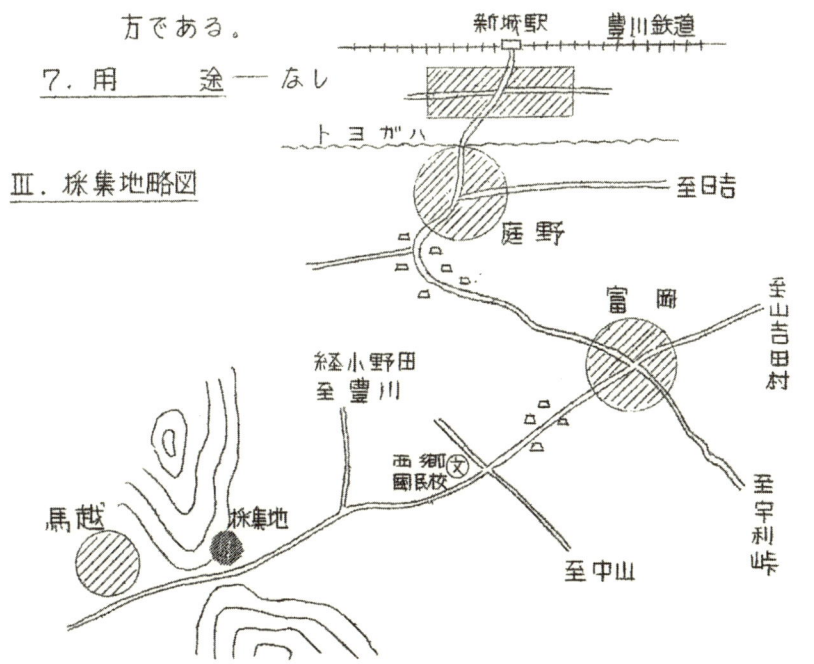

III. 採集地略図

162. 英雲閃緑岩

Ⅰ. 産　　地 ── 南設楽郡鳳來寺村大字峰　萬壽坂南下
　　　　　　　　　　　　　　　　　　　　　　（まんぜ）

Ⅱ. 岩石解説

　1. 合　　分 ── 主 ― 角閃石　斜長石
　　　　　　　　　副 ― 石英　黒雲母，正長石

　2. 肉眼的鑑別 ── 花崗岩中の角閃石は黒いのを常とすれども此の中の角閃石は緑色をしてゐる。

　　　白い部分は斜長石も石英も多少の正長石もある。最もよく花崗岩に似てゐるも，角閃石の緑色なることは最も特徴で花崗岩と識別出來る。

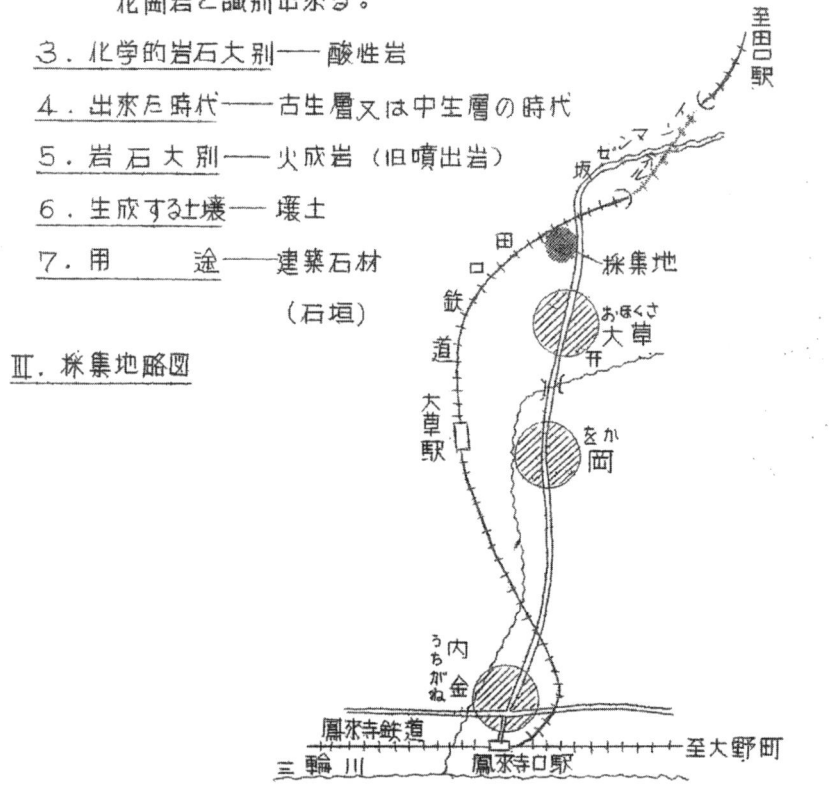

　3. 化学的岩石大別 ── 酸性岩

　4. 出來た時代 ── 古生層又は中生層の時代

　5. 岩石大別 ── 火成岩（旧噴出岩）

　6. 生成する土壌 ── 壤土

　7. 用　　途 ── 建築石材
　　　　　　　　　（石垣）

Ⅲ. 採集地略図

163. 眞珠岩

Ⅰ. 産　　　地 ── 南設楽郡鳳來寺村大字玖走勢字大石
　　　　　　　　　　　　　　　　（くろぜ）（おほいし）

Ⅱ. 岩石解説

　1. 成　　分 ── 流紋岩漿の急激に冷却した物である。即ち火山玻璃

　2. 肉眼的鑑別 ── 全体が玻璃光沢を有することである。色は一定せず大体が黒色である。時々赤色の物がある。顯微鏡下で眞珠構造を認めることが出來る。鳳來寺山の眞珠岩は粒状に見える部分が少いが，此の眞珠岩では一粒の狀形の内から一標本を採集することが出來る程大きい。

　3. 化学的岩石大別 ── 酸性岩

　4. 出來た時代 ── 第三紀層の時代

　5. 岩石大別 ── 火成岩（新噴出岩）

　6. 生成する土壌 ── 壌土

　7. 用　　途
　　　学問上珍貴である。

Ⅲ. 採集地略図

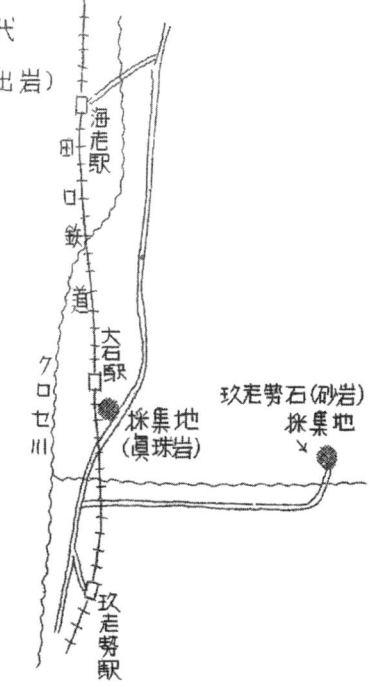

164. 眞珠岩

Ⅰ. 産　　地 —— 南設楽郡鳳來寺村大字門谷　鳳來寺山信藏寺谷(しんざうじだに)

Ⅱ. 岩石解説

1. 成　　分 —— 流紋岩漿即ち石英,正長石,黒雲母,玻璃長石

2. 肉眼的鑑別 —— 玻璃の霰をかためた様な外観即ち眞珠構造である。色は普通黒色で玻璃光沢　比重は花崗岩より小である。流紋岩漿の噴出と同時に冷却固化せる物で、鳳來寺山最外部を構成せる岩石である。

3. 化学的岩石大別 —— 酸性岩

4. 出來た時代 —— 第三紀の時代

5. 岩石大別 —— 火成岩（噴出岩）

6. 生成する土壌 —— 流紋岩質壌土　肥沃なれども風化し難し。

7. 採集可否及注意 —— 出來る。鳳來寺山中は（有るが）不可

8. 用　　途 —— なし（瀬戸地方では之れを熔融して一種の硝子狀物質を造る由である。）

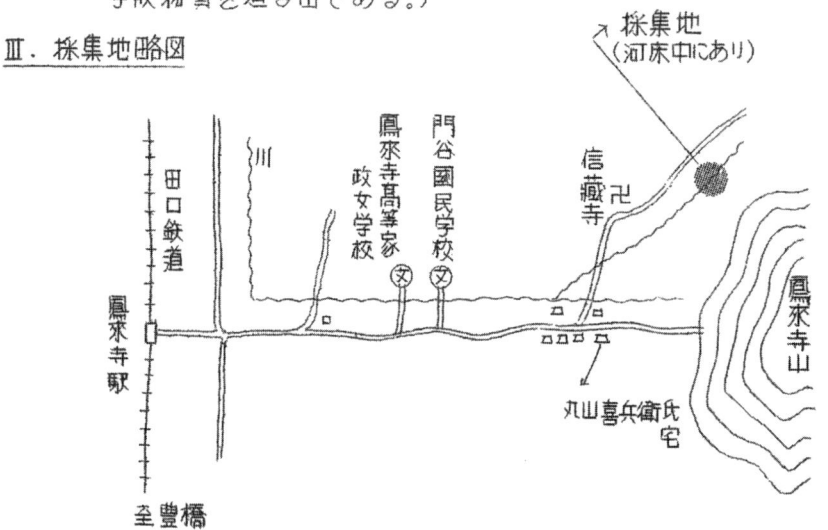

Ⅲ. 採集地略図

165. 眞珠様松脂岩

I. 産　　地──── 南設楽郡鳳來寺村門谷　鳳來寺山信藏寺谷
II. 岩石解説
　1. 合　　分──── 流紋岩漿
　2. 肉眼的鑑別──── 玻璃質で眞珠状況が眞珠岩に比して少ない。即眞珠構造が眞珠岩に比して発達して居らぬ。眞黒のものがない。青味，淡赤味を帯びたる物が多い。眞珠岩について鳳來寺山の内部を構成する岩石である。
　3. 化学的岩石大別──── 酸性岩
　4. 出來た時代──── 第三紀の時代
　5. 生成する土壌──── 流紋岩質壌土
　6. 岩石大別──── 火成岩（噴出岩である）
　7. 用　　途──── なし

III. 採集地略図

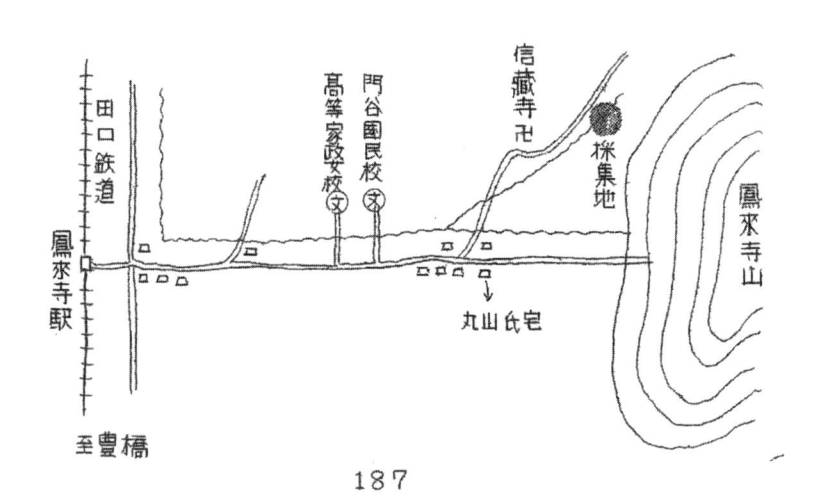

166. 松　脂　岩

I. 産　　地 ── 南設楽郡鳳來寺村門谷　鳳來寺山信藏寺谷

II. 岩石解説

1. 成　　分 ── 流紋岩漿

2. 肉眼的鑑別 ── 硝子質の塊, 色は青味, 淡黒, 淡赤味の物である。比重は前者と略同様である。眞珠様松脂岩との相異は眞珠様構造が順次に減少して來て, 此の松脂岩には肉眼では眞珠構造認め難い。(顕微鏡的には多少あるべし) 其の理由は徐々に冷却せるが爲である。即ち冷却の度が遲くなれるに依るのである。冷却の度が徐々 (山体内部に行く程) となりて爲めに玻璃質の減少せる物のあることに注意せられたい。

眞珠様松脂岩より更に内部を構成する岩石である。

3. 化学的岩石大別 ── 酸性岩

4. 出來た時代 ── 第三紀層の時代

5. 岩石大別 ── 火成岩

6. 生成する土壌 ── 流紋岩質壌土

7. 用　　途 ── なし

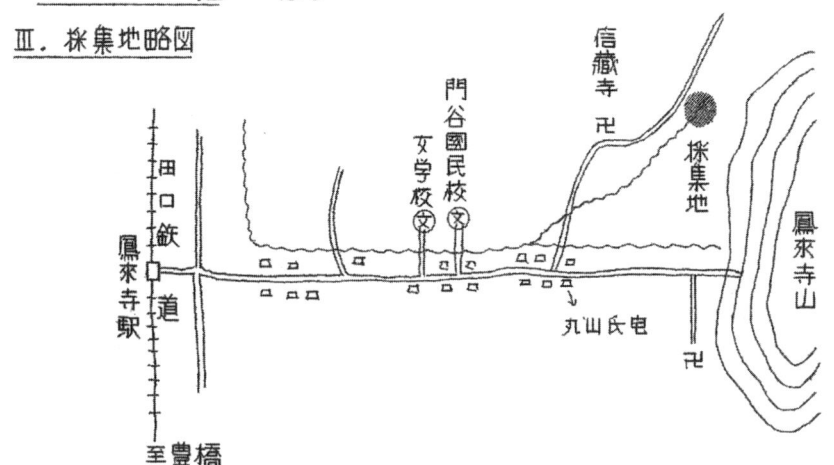

III. 採集地略図

167. 松脂岩

Ⅰ. 産　　地 ── 南設楽郡海老町　佛坂峠中腹(ほとけざか)

Ⅱ. 岩石解説

1. 成　　分 ── 流紋岩漿から來たもの即ち玻璃質

2. 肉眼的鑑別 ── 赤褐色である。其の原因は酸化鉄である。

　　玻璃質，玻璃光沢（又は脂肪光沢）を有する。5－10%の水分を含有する。

　　赤褐色のものは佛坂峠に限りて産出する。

3. 化学的岩石大別 ── 酸性岩

4. 出來た時代 ── 設楽第三紀層の時代

5. 岩石大別 ── 火成岩の内噴出岩

6. 分布区域 ── 相当広い面積にまたがる

7. 採集可否及注意 ── 容易である

8. 生成する土壌 ── 松脂岩質壌土

Ⅲ. 採集地略図

168. 蛋白石様松脂岩

I. 産　　地——南設樂郡鳳來寺村門谷　鳳來寺山仁王門附近

II. 岩石解説

1. 合　　分——石英, 正長石, 玻璃長石, 黒雲母
2. 肉眼的鑑別——上記合分が玻璃化して居る。特に石英が蛋白石状態に分離して岩石中に入つて居るのが特徴である。依つて此の名称が生れ出たのである。美麗である。
3. 化学的岩石大別——酸性岩
4. 出來た時代——第三紀層の時代
5. 岩石大別——火成岩（噴出岩）
6. 生成する土壤——玻璃の混在せる壤土を生ずる
7. 採集可否及注意——鳳來寺山は天然記念物に指定されて居り山中では絶対に採集出來ぬ
8. 用　　途——なし

III. 採集地略図

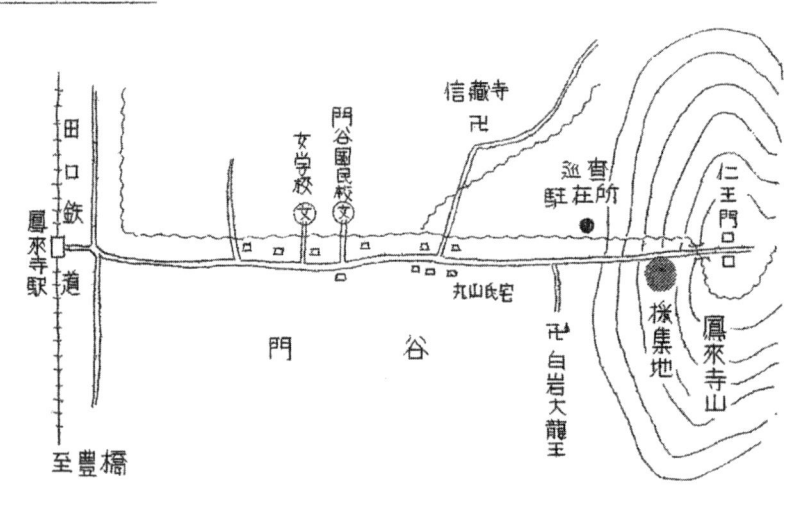

169. 流紋岩

I. 産　　地 —— 南設樂郡鳳來寺村門谷　信藏寺谷

II. 岩石解説

1. 成　　分 —— 流紋岩漿
2. 肉眼的鑑別 —— 層狀をなす．即ち静かに沈澱せる爲である．全く玻璃質を欠く．淡緑，灰色，普通によく見る赤味を帶びた物は多少分解を初めかけた物である．之れが固る時，水蒸氣其他の瓦斯体が逃げんとして其処に空虚が出來，其の空虚を更に岩石成分中の硅酸が分解したものが充した時に冷却の狀況に從うて，蛋白石にも，碧玉にも亦玉髓ともなるのである．
3. 化学的岩石大別 —— 酸性岩
4. 出來た時代 —— 第三紀の時代
5. 岩石大別 —— 火成岩
6. 生成する土壌 —— 流紋岩質壌土
7. 用　　途 —— なし．

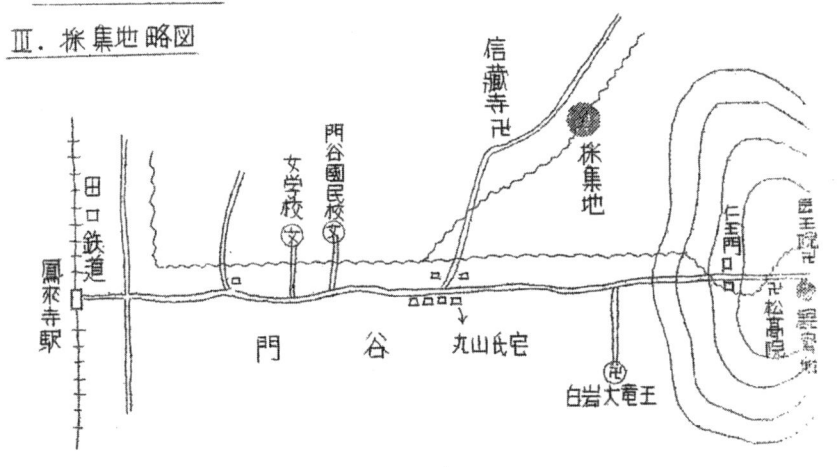

III. 採集地略図

170. 流紋岩

<u>Ⅰ. 産　　地</u>── 南設樂郡鳳來寺村門谷より玖老勢へ通ずる
　　　　　　　　　　　　　　　　　　　　　　新道の峠
<u>Ⅱ. 岩石解説</u>
　<u>1. 合　　分</u>── 石英, 正長石, 少量の黑雲母
　<u>2. 肉眼的鑑別</u>── 脈狀岩である. 即ち頁岩の層中へ噴出せる物
　　　で爲めに頁岩少しく變質硬化してをる. 赤き點々があるが
　　　之れは黃鐵鑛其他の分解せる結果物である. 少しく靑味が
　　　かれる白色の岩石で細粒狀結晶物である. 陽光に照す時は
　　　石英, 正長石類光リ, 類別出來る. 尚ルーペに依る時は雲
　　　母の存在も認め得られるのである. 質緻密で, 打った時の
　　　感じは相当堅いが, 粘リ氣が少ない. 柱狀構造を有する.
　<u>3. 化学的岩石大別</u>── 酸性岩
　<u>4. 出來た時代</u>── 設樂嶺三紀層の時代
　<u>5. 岩石大別</u>── 火成岩の内の噴出岩
　<u>6. 分布区域</u>── 狹い
　<u>7. 採集可否及注意</u>── 道路開鑿の爲
　　　めに掘リ出した大塊谷間に轉落
　　　して居る故之を採集のこと.
　　　容易である.
Ⅲ. 採集地略圖

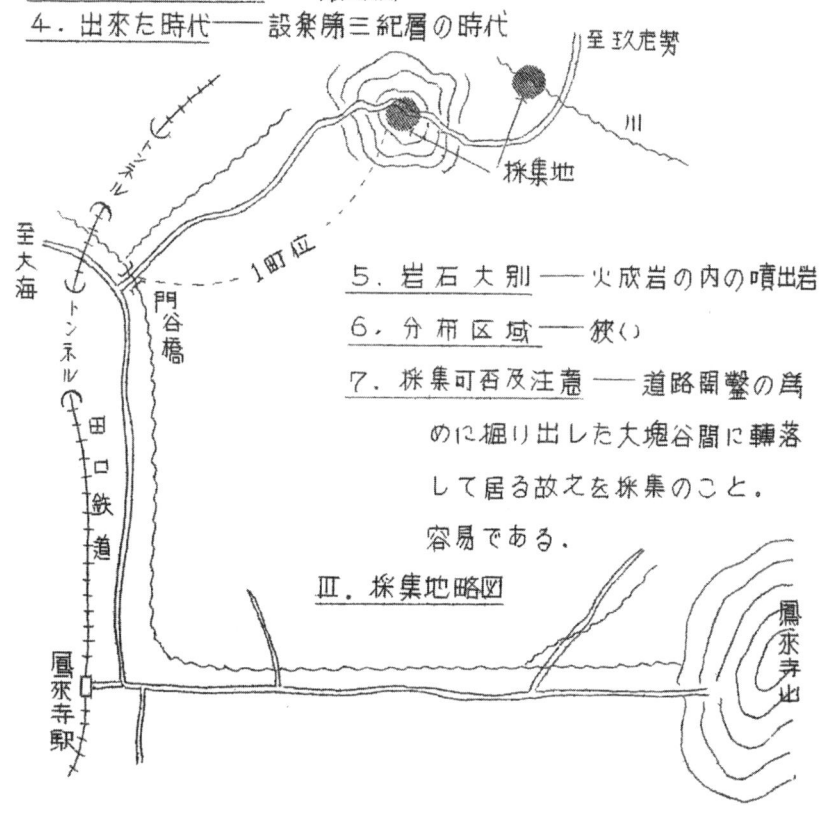

171. 流 紋 岩

Ⅰ. 産　　地——南設楽郡鳳來寺村門谷　鳳來寺山妙法滝附近
Ⅱ. 岩石解説
　1. 合　　分——石英, 正長石, 黒雲母
　2. 肉眼的鑑別——石英硅長岩よりも一層内部にある物である。なぜならば二者を並べて見て玻璃状況の所が流紋岩の方はないからである。赤い縞がある。之れ即ち雲母其他の着色鉱物の附着又は多少の分解せる結果合分中の鉄分が酸化して赤色を呈するのであらう。粗面で比較的緻密である。脈状岩でなく, 噴出せる岩漿が漸次に冷却, 固化せるものである。
　3. 化学的岩石大別——酸性岩
　4. 出來た時代——設楽第三紀層の時代
　5. 岩石大別——火成岩の内噴出岩
　6. 分布区域——廣い
　7. 採集可否及注意——ノミ其他で採集出來るも, 本山は法律上採集を禁ぜられてゐるから絶対採集してはならぬ
　8. 生成する土壌——壌土
　9. 用　　途——石垣其他

Ⅲ. 採集地略図

172. 流紋岩

I. 産　　地──南設楽郡長篠村豊岡字槙原　槙原駅附近の
II. 岩石解説　　　　　　　　　　　　　　　　トンネル内

 1. 成　　分──石英，玻璃長石，黒雲母
 2. 肉眼的鑑別──多少の玻璃質，層状の石理が認められる．其
　　　　　處へ小さき玻璃光沢を有する石英がポツポツと入つてをる
　　　　　質緻密で，色は灰白色，柱状構造を示す．薄片とするとき
　　　　　は流紋組織が認められると思ふ．
 3. 化学的岩石大別──酸性岩
 4. 出來た時代──設楽第三紀の時代
 5. 岩石大別──火成岩の内で脈状の噴出岩である．
 6. 分布区域──脈状故狹（）．
 7. 採集可否及注意──可．採集亦容易，沢山にある．
 8. 生成する土壌──壌土
 9. 用　　途──其の附近では雑用

III. 採集地略図

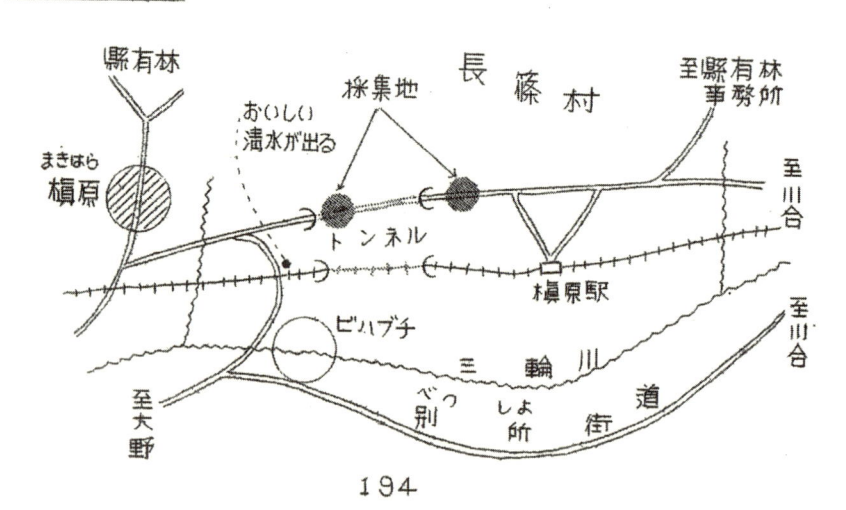

173. 石英硅長岩

I. 産　　地────南設楽郡鳳來寺村大字門谷　信藏寺谷

II. 岩石解説

1. 成　　分────流紋岩漿即ち石英、正長石、玻璃長石、黒雲母

2. 肉眼的鑑別────松脂岩の冷却度が一層徐々になると石英其他の鉱物（長石等）が個々に結晶して各々集りて一体となりて來る。更に詳説すれば全体が石英、長石の細微の物が集りて「玻璃」に似た様に見える。其の中に石英が結晶して入つて居る。故に之れを石英硅長岩と称する。此の状況を知つて此の名称が与へられたのである。石英が肉眼で見える点と、見えぬ点（区別出來ぬ点）とに注意すること。松脂岩より更に内部を構成する岩石である。

3. 化学的岩石大別────酸性岩

4. 出來た時代────第三紀

5. 岩石大別────火成岩

6. 生成する土壌────流紋岩質壌土

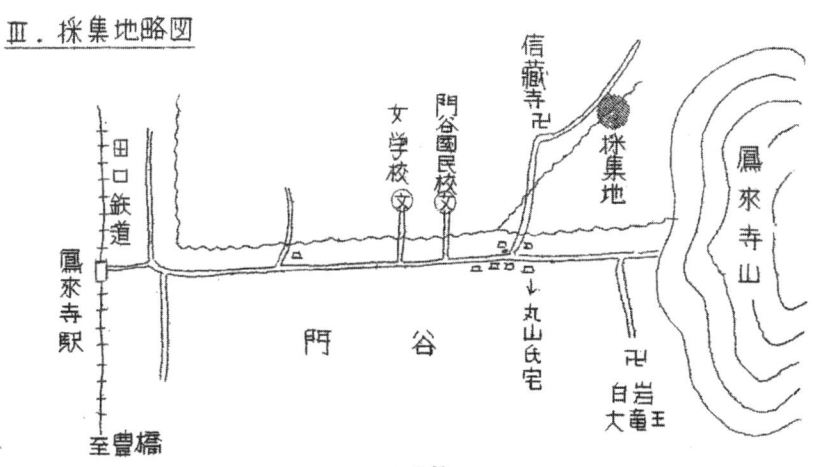

7. 用　　途────なし

III. 採集地略図

174. 流紋岩の話

流紋岩は第三紀層の時代に噴出したる流紋岩漿の塊である。其の噴出の場合が二つある。一つは大塊となり、一つは脈状となって來る。從って其の結果は成分に於ては変りはなくとも外観は大に異るものがある。大塊となりては岩漿の冷却状況に於て眞珠岩とか、松脂岩とかの区別を生ずる。又脈状をなす場合に於ても其の噴出したる場所に於て、外貌が一様でないから、之れが流紋岩かと人を疑はしむるものがある程である。東三地方に於て、第三紀層を取り巻きて、片麻岩系あり、結晶片岩系あり、又花崗岩等の異りたる地質があるがめに是れ等の時代を貫きたる場合は各々其の外貌を異にし、或は成分量に於て多少の相違があることは忘れてはならぬことである。而して大塊をなす場合には、玉髄、碧玉蛋白石、等の鉱物を随伴してくることがあり、脈状岩となりては其の貫きたる場所に依りて鉱泉を伴ってくる場合が多く、又この鉱泉には、ラヂウムの微量をも伴って來ることが多い。（湯谷の鉱泉は其の例である）

又大塊を成す場合に其の冷却状況に依りて眞珠岩、松脂岩、等の名ある如く脈状の場合にも、柱状構造、板状構造、等の節理を有する場合が多くある。（榊原明十記）

（榊原明十遺稿並追悼録）中の「塊状火山鳳來寺山」の項参照

175. 頑火長石玢岩

Ⅰ. 産　　地 ── 八名郡七郷村名越(なこえ)　和田文夫氏宅裏　縣道側

Ⅱ. 岩石解説

1. 合　　分 ── 輝石と斜長石と頑火石

2. 肉眼的鑑別 ── 輝石と斜長石との基盤へ頑火石（劈開面玻璃光沢を有し且つ少しく黄味を帶べる鉱物である）と輝石との大きい結晶が点々として入つてをる，白きは斜長石，緑色なるは輝石で，黄味を帶べるのが頑火石（輝石の類）である。全体の色は灰緑色で輝石と頑火石との結晶ポッポツと入つて居る，全体粗粒状で，アラレをかためたるが如く，且つ極めて堅硬で容易に砕き難い。

3. 化学的岩石大別 ── 基性岩

4. 出來た時代 ── 設楽第三紀層の時代

5. 岩石大別 ── 火成岩の内脈状噴出岩である。

6. 分布区域 ── 狭い

7. 採集可否及注意 ── 可なるも極めて堅硬にして採集困難である。且つ分布区域狭く採集又困難である。

8. 生成する土壌 ── 埴土

9. 用　　途 ── 標本として珍貴　九州地方へ販売する由

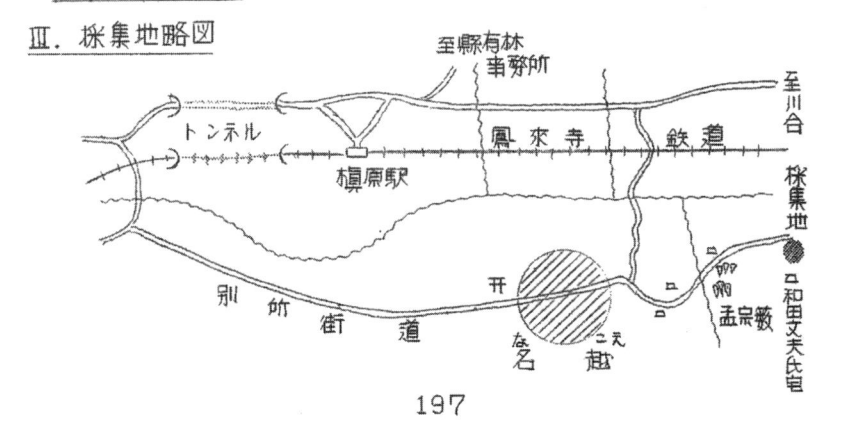

Ⅲ. 採集地略図

176. 輝石玢岩

I. 産　　地 ── 南設楽郡長篠村大字豊岡字榊平部落西端附近
　　　　　　　　電車線路に沿ひて

II. 岩石解説
　1. 合　　分 ── 輝石と斜長石
　2. 肉眼的鑑別 ── 緻密、緑色の石基（輝石と斜長石とより出来てゐる。）の中に輝石と斜長石とが斑晶即ち大きい結晶をなしてポツポツと入つてゐる物である。斑晶物の色は緑色又は濃い緑色で之れ即ち輝石である。細長く柏子木状で、所々くさつて其の侭の形で穴となつてゐるのを見る。頑火石も入つてゐるが副成分的で極僅少である。此の鑑定は吹管で酸化焰を作つて熱する時他はとけるも頑火石のみは変化せぬことに依りて区別し得
　3. 化学的岩石大別 ── 基性岩
　4. 出来た時代 ── 設楽第三紀層の時代
　5. 岩石大別 ── 火成岩の内脈状噴出岩
　6. 分布区域 ── 脈状岩故狭い。
　7. 採集可否及注意 ── 可である。採集も充分出来る。
　8. 生成する土壌 ── 埴土
　9. 用　　途 ── 石垣等として非常に沢山各所で使用してゐる。

III. 採集地略図　　榊平停留所下車、西に向つて進むと榊平部落（15戸位）に入る。部落を出はづれると左側に鉄道あり。道は坂を下る。道と鉄道の接する地点

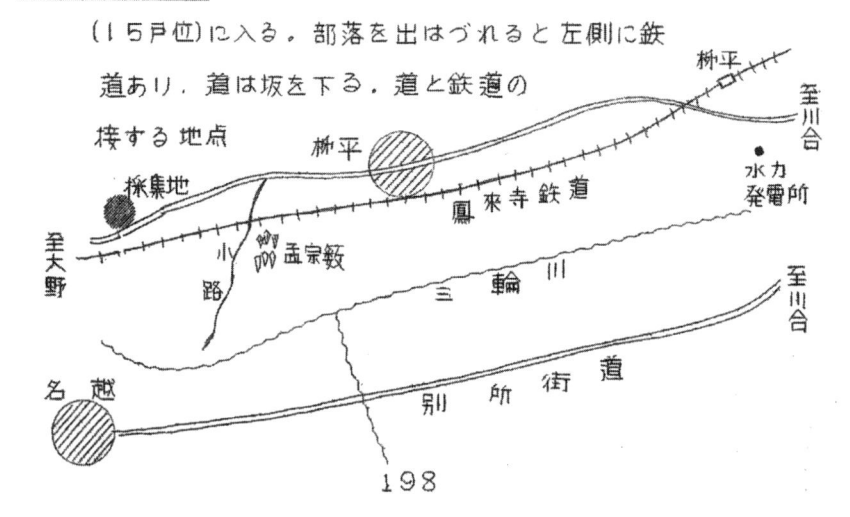

177. 玄武岩質富士岩

I. 産　　地 ―― 北設楽郡豊根村川宇連(かうれ)茶臼山　艮親神社(ゆきよし)附近

II. 岩石解説

　1. 成　　分 ―― 輝石, 角閃石, 斜長石即ち玄武岩と同一成分
　2. 肉眼的鑑別 ―― 輝石, 角閃石が斑晶的に成って散在す。青く光って見える（肉眼で見る又はルーペで観察する）のは輝石で, 黒いのは角閃石である。
　　　全体黒くて其の中にチカチカ光る結晶質の鑛物が入ってゐる。全体玻璃質で, 緻密質である。
　3. 化学的岩石大別 ―― 基性岩
　4. 出來た時代 ―― 設楽第三紀層の時代
　5. 岩石大別 ―― 火成岩の内の噴出岩
　6. 分布区域 ―― 茶臼山及び其の附近にあり相当に廣い。
　7. 採集可否及注意 ―― 艮親神社境内及び其の附近修理に伴ひ新鮮なる物が容易に採集出來る。
　　　（昭和九年八月二十一日現在）
　8. 生成する土壌 ―― 富士岩質埴土
　9. 用　　途 ―― 石垣位の程度である。

III. 採集地略図

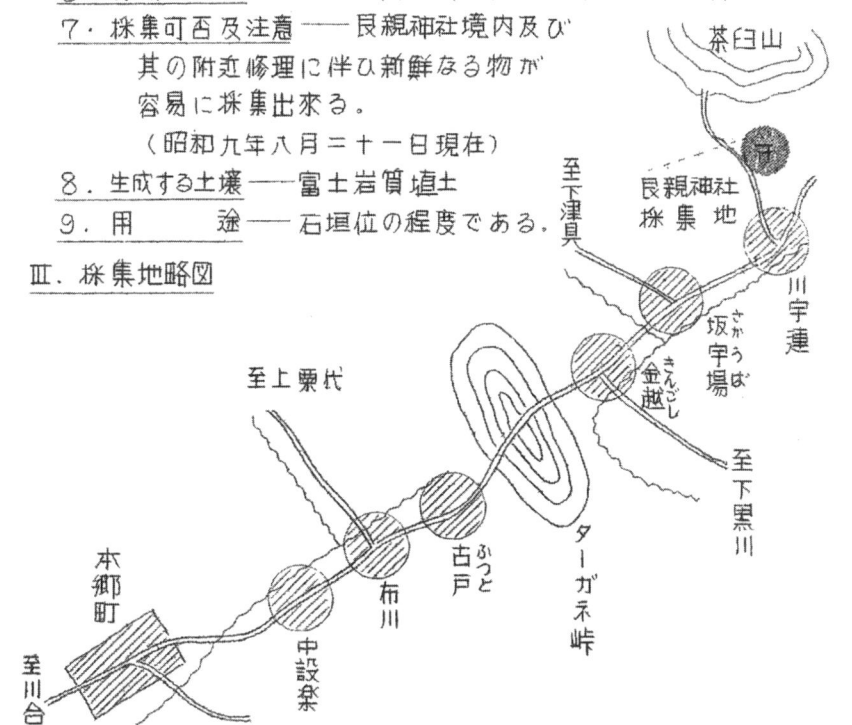

199

178. 玄 武 岩

Ⅰ. 産　　地 ── 北設楽郡下津具村清水島橋(しみじまばし)下の河原

Ⅱ. 岩石解説
1. 合　　分 ── 斜長石，玻璃長石，輝石，角閃石
2. 肉眼的鑑別 ── 黒色，緻密質である。介殻狀の斷口が微に現はれてゐる。よく見ると破面に小さな結晶が見える。之れは輝石又は角閃石の結晶である。打つ時は一種の音(丁度硝子の破片を地に落した時の様な音)を発する。
3. 化学的岩石大別 ── 基性岩
4. 出來た時代 ── 設楽第三紀層の時代
5. 岩石大別 ── 火成岩の内噴出岩
6. 分布区域 ── 非常に広い面積を占むることもある。印度のデッカン高原，朝鮮の長白山脈附近の高地，但馬(兵庫縣)の玄武洞のは脈状岩である。北設楽郡桝元峠のものも脈状岩である。
7. 生成する土壌 ──
   玄武岩質埴土
8. 採集可否及注意 ──
   轉石として沢山にある。採集出來る筈である。
9. 用　　途 ── 別になし

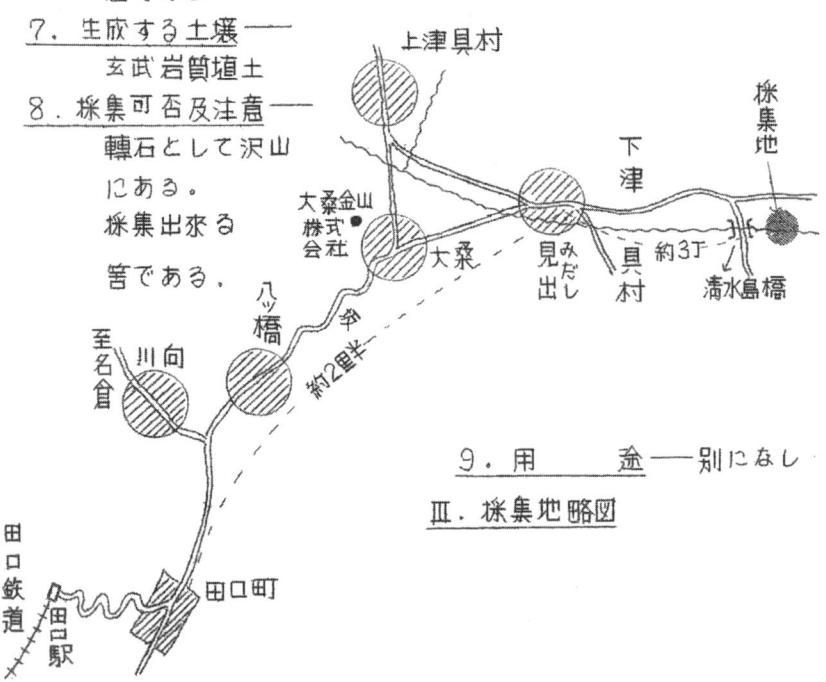

Ⅲ. 採集地略図

179. 輝 緑 玢 岩

I. 産　　地 ―― 八名郡大野町板敷川川床

II. 岩石解説

1. 合　分 ― 主 ― 輝石と斜長石
　　　　副 ― 多少の極微の角閃石及斑晶的に輝石, 角閃石
2. 肉眼的鑑別 ―― 灰白色, 緻密（微晶質）極めて堅硬柱状構造
　　を有する。板敷川の頁岩を貫きて川を横断して噴出してをる.
3. 化学的岩石大別 ―― 基性岩
4. 出来た時代 ―― 設楽第三紀層の時代
5. 岩石大別 ―― 火成岩の内の噴出岩
6. 分布区域 ―― 狭い
7. 採集可否及注意 ―― 可, 極めて堅い故其のつもりでないと採
　　集困難である.
8. 生成する土壌 ―― 玢岩質埴土
9. 用　　途 ―― なし

III. 採集地略図 ―― 天神様の所より板敷川へ下りる細道がある.
　　川岸へ出たら（其の附近に滝あり）川下を見る. 約50間位
　　の所に約2尺位の高さで川を横断して居る岩石あり. 即之れ

180. 輝緑玢岩

I. 産　　地 ―― 南設楽郡海老町海老与良木峠南側登口

II. 岩石解説

　1. 成　　分 ―― 輝石, 角閃石, 斜長石
　　　　二次的鉱物として方解石を含有する

　2. 肉眼的鑑別 ―― 淡緑色であること。乳白色斑点状の物は斜長石である。半透明の劈開面のかゞやけるは方解石である。他は輝石と角閃石との微晶物の混合せる物である。

　3. 化学的岩石大別 ―― 塩基性岩

　4. 出來た時代 ―― 設楽第三紀層

　5. 岩石大別 ―― 火成岩（脈状岩）

　6. 分布区域 ―― 狭い。

　7. 採集可否及注意 ―― 可である。目下採掘, 石材として利用しつゝある故轉石, 沢山にありて採集容易である。

　8. 生成する土壌 ―― 土壌を形成すれば埴土となるであらう。

　9. 用　　途 ―― 石垣其他の石材とする。

III. 採集地略図

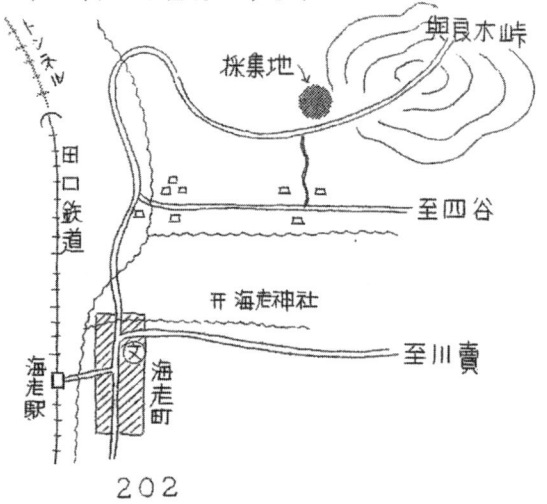

181. 玢岩 (ふぃんがん)

Ⅰ. 産　　地 ── 南設楽郡鳳來寺村大字玖走勢

Ⅱ. 岩石解説

　1. 合　　分 ── 輝石と斜長石

　2. 肉眼的鑑別 ── 緑色が濃い、且つ重く、質緻密である。之れは鉄槌で打つ時は金属様の音を発し、割れ口は比較的介殻状に近いことで証することが出来る。劈開面の玻璃光沢を帯べる鉱物を肉眼で認め得られる。之れ即ち斜長石、緑色の部分は輝石である。全体柱状節理を有する。

　頁岩の層中へ噴出して頁岩を多少硬化せしめて居る。

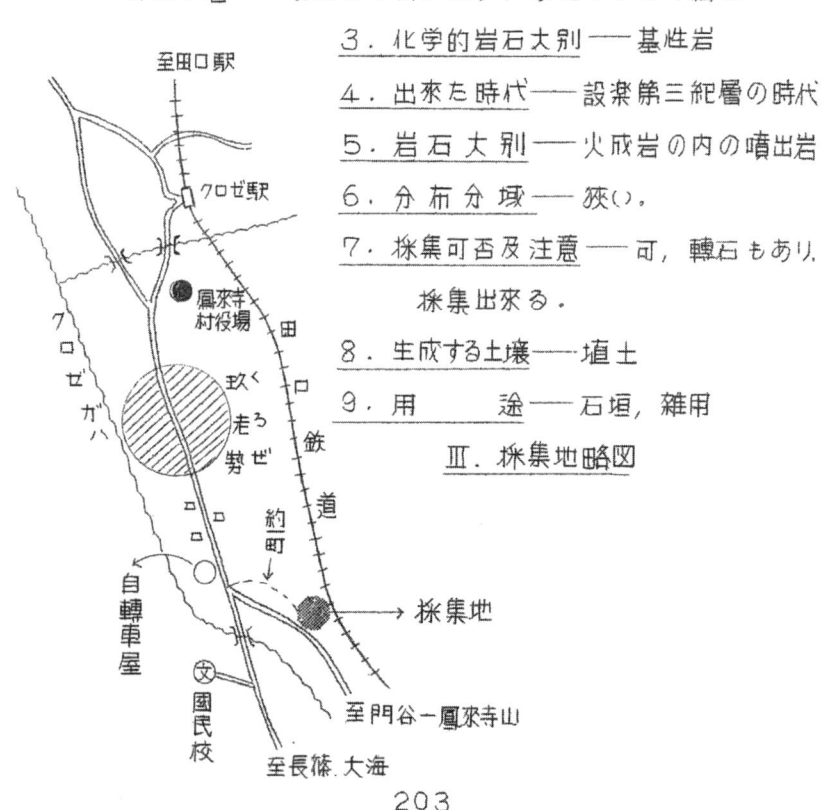

　3. 化学的岩石大別 ── 基性岩

　4. 出来た時代 ── 設楽第三紀層の時代

　5. 岩石大別 ── 火成岩の内の噴出岩

　6. 分布分域 ── 狭い。

　7. 採集可否及注意 ── 可、転石もあり、採集出来る。

　8. 生成する土壌 ── 埴土

　9. 用　　途 ── 石垣、雑用

Ⅲ. 採集地略図

182. 玢　岩

Ⅰ. 産　　地 —— 南設樂郡鳳來寺村大字門谷　門谷橋附近
Ⅱ. 岩石解説
　1. 含　　分 —— 輝石と斜長石とより成ることは輝緑岩と同一なれども成分量と組織と出來た時代が異る。尚別に緑泥石角閃石，鉄鉱類の微晶を含有することもある。
　2. 肉眼的鑑別 —— 緑青色，重く堅く，地面に露出，柱状構造をなす。青色の地へ少しく透明なキラキラする鉱物を含む。之れは斜長石であらう。粘くて堅けれども柱面に直角に鉄槌を當てる時は容易に採集が出來る。輝緑岩の脈状に噴出せる物が即ち之れである。依って成分は輝緑岩と同一である。多少玻璃質，緻密である。
　3. 化学的岩石大別 —— 基性岩
　4. 出來た時代 —— 設樂第三紀層
　5. 岩石大別 —— 火成岩（噴出岩）
　6. 分布区域 —— 相当に広()
　7. 採集可否及注意 —— 容易
　8. 生成する土壌 —— 埴土
　9. 用　　途 —— 石垣其他雑用
Ⅲ. 採集地略図

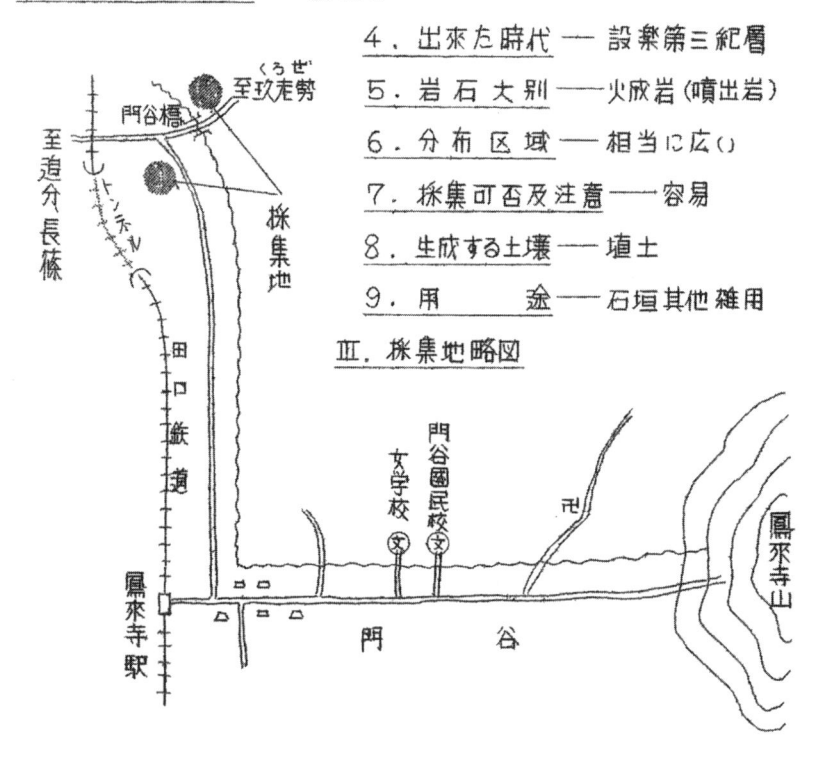

183. 玢岩

I. 産　　地 ── 南設樂郡鳳來寺村大字門谷　鳳來寺山本堂附近

II. 岩石解説

1. 合　　分 ── 主－輝石と斜長石　副－角閃石の少量混入
2. 肉眼的鑑別 ── 細粒狀乃至緻密質で長石の小晶を認め得られ白く濁つて居る。多分斜長石であらう。灰青色（灰色がゝれる青色）の部分は輝石斜長石、角閃石等が結晶して出來た物である。面に小孔あるは多分長石類が溶出せる結果の孔であると思はれる。二次的鑛物として長石類の變成して出來た方解石を混入せる物がある。現地で方解石の混入せる玢岩を目撃せる結果である。比較的分解し易く、鳳來寺山構成岩石の間に噴出したのが本岩石である。依つて其の部分一層弱くなりて谷を構成する。
3. 化学的岩石大別 ── 基性岩
4. 出來た時代 ── 設樂第三紀層の時代
5. 岩石大別 ── 火成岩の内の噴出岩
6. 分布区域 ── 狹（）。
7. 採集可否及注意 ── 石垣用として沢山採堀る結果碎片谷間に轉落してをる故容易なるも本山は採集禁止であるから絶対採集出來ぬ。
8. 生成する土壤 ── 埴土
9. 用　　途 ── 石垣として最適である。

III. 採集地略図

むすび

◊ 本書ははしがきにも述べし通リ、筆者毎年の採集物を採集毎に記録し整理し置きたるものを纏めて一冊にせしもので各位が実際に某地方へ採集を試みられし際、記載なき為め採集に不便不自由を感ぜられる様な点もあり、換言すれば内容の不備、充実せざる点多く物足らぬと思はれること切なるや言を俟たざるところ、まして筆者自身脱稿に当りて隔靴掻痒の感があり、物足らぬといふ気持で一杯である。読者におかれては尚更然リであることゝ同情に堪へぬ次第である。

◊ がこれら不足の点はよろしく読者筆者共に協力の上漸進的に補ひ以て完備せる採集必携に育て上げるの情熱を以て各位の利用を願はゞ喜びとするところであり望ましきことである。

◊ 要するに浅薄であるをまぬがれず、殊に愛知縣産と区域を限定して居るの点よりして、岩石鉱物全体よりすれば、記述内容斯学の一部分にすぎず、九牛の一毛にもたとふべき程である。読者各位本書によつて斯学の概念を得られ更に進んでは成書により採集観察並実験にまつて地質鉱物の研究に興味趣味をもたれ、これを実際生活に取リ入れては活用せられ科学日本の建設に努力せられる様切望すると共に一人でも多くの斯る士を得ることは日本の強味を増す所以であり、敢て本書を公にせし着眼点でもあり筆者の光栄これに過ぐるものなしと結言するものである。

終

昭和十六年七月一日　印刷　　㊕㊗定價壱圓貳拾錢
昭和十六年七月十日　發行

|許　不|
|複　製|

著　　者　　　　桝原喜多朗
　　　愛知縣八名郡舟著村東本

發　行　者　　　　手　島　澤　吉
　　　豊橋市　西八町　百四十九番地

印　刷　者　　　　石　川　直　一
　　　愛知縣碧海郡依佐美村高棚百五十五番地

印　刷　所　　　　ヨサ美　印刷所
　　　愛知縣碧海郡依佐美村高棚百五十五番地

發　行　所　　　つはもの社
　　　豊橋市　西八町　百四十九番地

配　給　元　　　日本出版配給株式會社
　　　東京市神田區淡路町二丁目九番地

本書は『愛知県産 岩石並鉱物採集必携』（著者 柿原喜多朗、発行所 つはもの社、昭和16年発行）の復刻です。
原本のかなりの部分で痛み、汚れがあり、一部文字の判別が困難な箇所があります。

本書は採取を目的としておりません。歴史的資料としての復刻です。掲載された鉱山跡は樹木に覆われ痕跡をとどめていない場所も多くあります。現地見学に行かれる場合は、事前の許可と相応の準備でお出かけください。また、私有地等で入山禁止の場所もあると思いますので、注意してください。

復刻　愛知県産 岩石並鉱物採集必携

2023年8月31日　第1刷発行　（定価はカバーに表示してあります）

著　者　柿原 喜多朗

発行所　蒼岳舎（そうがくしゃ）
　　　　名古屋市中区大須 1-16-29（風媒社内）
　　　　電話 052-218-7808　E-mail：yamaguchi@fubaisha.com

発売元　風媒社
　　　　名古屋市中区大須 1-16-29
　　　　電話 052-218-7808　FAX052-218-7709
　　　　http://www.fubaisha.com/

乱丁本・落丁本はお取り替えいたします。
ISBN978-4-8331-5449-9